雷暴过程表征
与监测预警技术

主　编　王红斌

副主编　王建国　蔡　力　范伟男

中国电力出版社
CHINA ELECTRIC POWER PRESS

图书在版编目（CIP）数据

雷暴过程表征与监测预警技术/王红斌主编 .—北京：中国电力出版社，2023.7
ISBN 978-7-5198-7027-0

Ⅰ.①雷… Ⅱ.①王… Ⅲ.①雷暴—研究 Ⅳ.①P446

中国版本图书馆 CIP 数据核字（2022）第 161357 号

出版发行：中国电力出版社
地　　址：北京市东城区北京站西街 19 号（邮政编码 100005）
网　　址：http：//www. cepp. sgcc. com. cn
责任编辑：闫姣姣（010-63412433）
责任校对：黄　蓓　王海南
装帧设计：赵丽媛
责任印制：石　雷

印　　刷：三河市百盛印装有限公司
版　　次：2023 年 7 月第一版
印　　次：2023 年 7 月北京第一次印刷
开　　本：710 毫米×1000 毫米　16 开本
印　　张：10
字　　数：192 千字
印　　数：0001—1000 册
定　　价：35. 00 元

编 委 会

主　　编　王红斌

副 主 编　王建国　蔡　力　范伟男

编写人员　栾　乐　黄青丹　洪海程　许　中

来立永　覃　煜　曲烽瑞　张　滔

李光茂　李　晓　朱　璐　尹　旷

凌　颖　罗思敏　王牧浪　占　鹏

前 言

雷电是一种发生在大气中的瞬态高电压、大电流、强电磁辐射的空气击穿放电现象，其威胁在全球范围内都存在，每年都给人类带来非常大的生命财产损失，联合国十年减灾委员会将其列为十大自然灾害之一。雷电活动与电力行业、电子设备制造业、交通运输业、电子通信行业、航天发射等国民基本经济建设的实际问题关系密切，其产生的强大磁场会对通信线路、电子设备产生致命的破坏，造成难以估计的损失。

目前，随着闪电定位站检测闪电数据的手段进一步发展，而对于雷暴影响因素及趋势预测也更为准确可靠。通过结合地面气象资料、闪电三维定位资料、多普勒气象雷达资料，研究反映雷暴的空间尺度、扩展速度、移动速度、影响范围、动路径方向等特征，最后在雷电将要发生的地区提前做出有效的预防措施。通过这种方法，雷电防护的针对性和有效性均得到了极大的增强。

为减少广州市由于雷电活动带来的危害和损失，增强雷电防护能力，建立一套科学高效、精准度高的雷电监测预警系统是最有效的、必不可少的措施。本书基于全闪电定位系统，对闪电活动的发生发展情况进行实时监测和判断，从而增加人类对闪电的认识，减少雷电活动带来的损害，促进雷电科学的发展。

本书提出了雷暴活动过程的参数化表征方法，对雷电时空预测技术进行研究。通过全闪电定位探测系统，对广州地区雷暴活动进行了全面详尽的研究分析，并结合其对线路的影响，分析雷电对输电线路的危害，为电力系统的安全有效运行提供了保障。书中第 1 章讲述雷电的基础知识和雷电探测预警技术的发展现状，第 2、3 章介绍雷暴活动过程参数表征方法及雷暴活动预警方法，第 4、5 章针对广州地区典型雷暴案例，对其三维活动和预警进行详细分析，第 6 章将雷电活动和线路跳闸情况结合，分析雷暴对电力系统的危害。

特别感谢武汉大学电气与自动化学院王建国教授团队对本书的支持，以及在撰写过程中提出的宝贵建议。由于写作时间仓促，编者水平有限，难免有错误之处，敬请读者批评指正。

编者

2023 年 2 月

目　录

1 雷电及其探测预警技术

1.1 雷暴云的产生与放电

1.1.1 雷暴云的形成和分类

雷暴云是产生闪电的对流云，其单体生命史通常包括 3 个阶段：塔状积云阶段、成熟阶段、消散阶段。在塔状积云阶段，湿热空气在抬升过程中随气压降低而不断膨胀发展增长，并以 10m/s 以上的垂直速度上升。在成熟阶段塔状积云达到一定高度，温度下降，空气凝结形成积云。如果空气能继续持续上升，积云将进一步发展，成为旺盛的积雨云。Byers 和 Braham（1949）[1]将这个阶段定义为降水到达地面的时间点，通常在单体到达成熟阶段前的 10～15min 之间。积雨云通常在达到对流层顶高度，即最大高度为 20km 时，积云的运动方向发生改变，云顶将在水平方向上扩展，出现云砧，这时达到成熟阶段。在这个阶段期间，降雨开始发生，Kingsmill 和 Wakimoto（1991）[2]将成熟阶段的开始定义为雷达检测的降水核心开始下降的时刻。之后，由于雨被蒸发使得周围空气的温度不断下降，阻止了上升气流的发展，雷暴单体的发展进入消散阶段。整个过程通常持续 45～90min。图 1-1 为表征雷暴三个阶段生命史的 Byers-Braham 模型。

雷暴可以根据风暴的严重程度、寿命、组织或其他相关特征进行分类。按对流抬升机制的不同可以分为局地热雷暴、锋面雷暴、地形雷暴，分别与受热不均、锋面活动、地形阻挡有关。常按组织和形态将雷暴分为普通单体雷暴、超级单体雷暴、多单体雷暴、飑线等类型。以上类型都有可能是强风暴，即具有特定垂直的、有组织的、稳定的环流场的风暴，常伴有龙卷风、冰雹、洪暴等灾害性天气的产生。各国对强风暴的定义也有所不同。强风暴常包含龙卷风、阵性风（风速≥26m/s）冰雹（直径≥1.9cm）中的一个或者多个天气事件。

1.1.2 雷暴起电机制

闪电的演变与不同对流强度和状态下电场之间存在明显的相关性。由此，人们发展出多种雷暴起电机制来解释云内电荷的产生。主要可以分为粒子起电

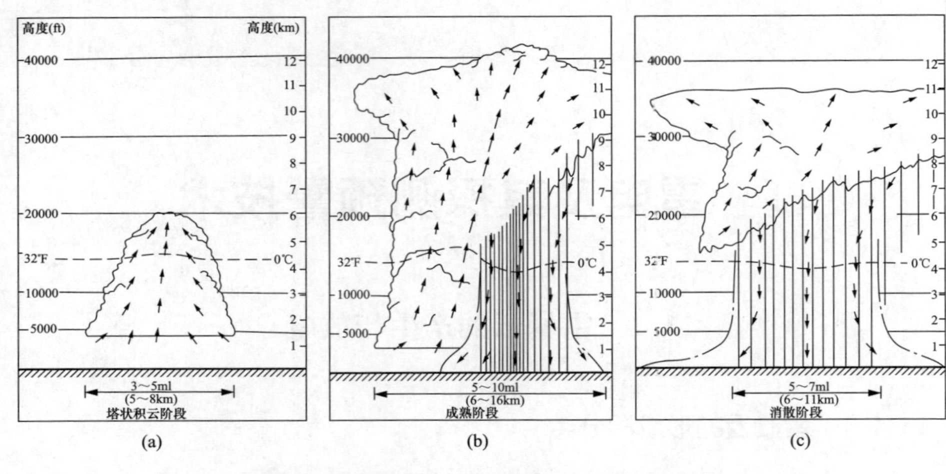

(a) (b) (c)

图 1-1 雷暴单体生命史的 Byers-Braham 模型

机制和离子起电机制两类。前者依赖于云中水成物粒子的相互作用，后者依赖于雷暴云中一系列微物理过程引起的电荷生成和运输。感应起电机制认为，晴天的垂直外电场是指向地面的，在这样的电场作用下，降水粒子会被极化，从而上半部带负电下半部带正电，再和过冷雨滴之间发生碰撞，出现电荷转移后分离，使得水滴带正电，粒子带负电，水滴继续向上运动，粒子则在重力作用下向下。一旦发生这种分离，便形成了简单的正偶极子模型。不过，Rakov 和 Uman（2003）[4]实验证明，只有环境电场强度大于 10kV/m 时，此过程带来的电荷转移才能完成雷暴起电[5]，远高于天气晴朗的 0.1kV/m。

在试图解释雷暴起电的所有假设机制中，非感应起电机制是目前接受度最高的。此理论依据于霰粒和冰晶发生碰撞从而导致电荷的转移。Takahashi（1978）[6]对边缘霰粒电荷转移的实验研究表明，转移电荷的极性和转移量主要跟两者温度的差异和液态水含量的多少有关，当云水含量适中时，温度大于－10℃的区域，碰撞后霰粒获得正电荷，冰晶则带负电荷；温度低于－10℃的区域，情况则相反；当云水含量较高或较低时，碰撞后霰粒均带正电荷，冰晶带负电荷，如图 1-2 所示，－10℃这个边界温度被称为反转温度。反转温度取决于存在的过冷液体的量，较低的液态水的反转温度较高（Jayaratne 等，1983）[7]。Saunders 和 Brooks（1992）[8]决定在 Takahashi 实验的基础上引入有效液态水含量概念，提出需用此参数弥补由空气运动带走的小云滴。同年，他们发现当液态水过大时，霰粒没有电荷转移现象的出现，这为他们 1995 年证实是由于 Takahashi 实验过高估计了液态水含量，而导致得到与之后实验结果矛盾的结论做了铺垫。Avila（1995）[9]发现转移到霰粒的电荷量可能直接和霰粒与周围空气的温度差有关。

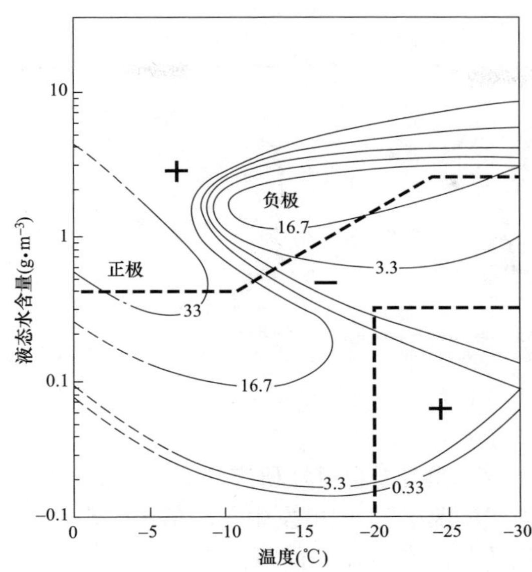

图 1-2 Takahashi 实验中霰粒电荷极性作为温度和液态水含量的函数

此外，转移电荷的极性和转移量还随两者的尺寸大小和碰撞速度的变化而发生变化。Saunders（1987）[10] 发现反转温度的差异与过冷水滴尺寸分布有关，还可能与其他因素有关。之后，Saunders 又发现电荷转移还与碰撞冰晶的尺寸和碰撞速度有关。由于非感性起电机制的分析在精确的微物理学与动力学过程中仍存在不确定性，因此对其理解仍然是经验性的，目前这一机制的应用在分析雷暴电荷结构中有相当好的表现。

1.1.3 雷暴电荷结构

雷暴电荷结构的简单模型是上部为正电荷区域，下部为负电荷区域的正偶极子结构。但 Marshall 和 Rust（1991）[11] 在后续的电气云原位测量中发现，除了这两个主要层之外，通常在云的最低部分存在正电荷的较小区域，形成三极模型，如图 1-3 所示。这种模型将雷暴云结构概括宏观地描述为三个电荷集中区域，最高区域是正电荷区，中间电量最多的区域是负电荷区，最低区域是较小的正电荷区。

较低的正电荷区可能不会在风暴的整个寿命期间存在，但是以往的研究表明，较低的正电荷区域的发展对于云闪的发展至关重要。Williams（1989）[12] 指出，闪电电荷沉积，正电晕放电，以及上述霰粒得到的电荷与温度和液态水含量的关系都与这个正电荷区有关。

另有一电荷区域在上述雷暴结构的上边界被观察到，因为上层的电荷区域

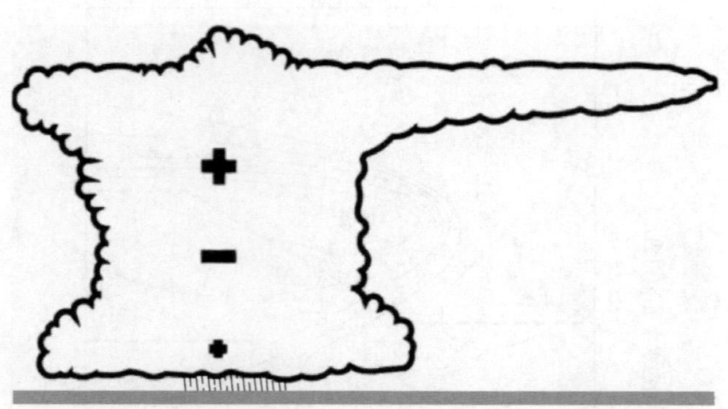

图 1-3　雷暴云的三极性电荷结构

会吸引云端相反的电荷。在若干观察性研究如 Vonnegut 等人（1962）[13] 的研究中，已经观察到这种“屏蔽层”。闪电发生与较低的正电荷区域的发展有相当大的关系，但值得注意的是，在对流期间可能存在更复杂的垂直电荷结构，其中可能有超过 5 层的电荷（Stolzenburg 等）[14]，其中一些附加电荷结构就可以归因于在云边界的电导率不连续而发展的屏蔽层。

通常，与屏蔽层相关联的上升气流内的电荷层非常薄，且由于屏蔽层的电荷梯度过小而不太可能产生闪电，因此，与主电荷区域不同，屏蔽层的位置难以用 VHF 闪电定位来评估。本文中讨论的电荷结构主要是偶极/三极结构。

1.2　雷电探测技术

1.2.1　雷达

雷达不仅可以用来探测固体目标物，对移动目标如飞机的监视也非常有效，这使雷达技术在军事上得到广泛应用，关于雷达技术的研究也越来越多。利用雷达可以清晰地测到在大气中的颗粒物，无论是液态或固态，甚至移动中的云雾和雨滴，特别是常导致强降水的积雨云，更能带来回波。因此，雷达也开始在气象研究上得到大量应用。

雷达技术发展至今已有约 60 年的历史，其发展阶段大致可以划分为四个，见表 1-1。

表 1-1　　雷达发展阶段

时段	代表雷达	特　点
20 世纪 50 年代以前	WSR-1、WSR-3	由军用的警戒雷达进行适当改装而成

续表

时段	代表雷达	特　　点
20 世纪 50 年代中期	WSR-57S 波段天气雷达	专门用于监测强天气和估测降水的雷达，能确定回波位置和强度
20 世纪 70 年代中后期	WSR-81S 天气雷达系统	将天气雷达与计算机连接，形成数字化天气雷达系统，对观测数据实现数字化处理
20 世纪 80 年代初	WSR-88D 多普勒天气雷达	利用多普勒频移原理，探测目标物相对于雷达的移动速度

目前，基本上使用的都是多普勒天气雷达（WSR-88D），这是 20 世纪 70 年代末发起的下一代雷达（NEXRAD）计划的结果[17]。WSR-88D 是 S 波段雷达，波长约 10cm，峰值输出功率为 750kW。雷达天线的直径为 8.5m（28 英尺），波束宽度为 0.98°。目前，我国主要用于布网的 C 波段、S 波段双线偏振多普勒天气雷达还处于应用研究阶段15（唐顺仙等，2017），在新一代多普勒天气雷达网中，共布设了 100 多部高性能的 S 波段和 C 波段的全相参多普勒天气雷达，X 波段多普勒天气雷达将作为新一代天气雷达网的补充[16]（刘强，2018）。

1.2.2　闪电定位系统

闪电是由云中或云与地球表面之间的相反极性电荷积累产生的放电[17,18]。闪电主要可分为两种类型，云闪（intra-cloud lightning，IC）和地闪（could-to-ground lightning，CG）。云闪发生在云内相反电荷的区域之间，占闪电总数的 2/3 以上。地闪发生在云和地球表面之间，正、负极性均有可能。按照其发展方向和向地面输送电荷的极性，可以将其分为下行负地闪、上行负地闪、下行正地闪、上行正地闪 4 种形式[18]，分别对应图 1-4 中的（a）、（b）、（c）、（d）。同时，值得注意的是，还存在云内特殊放电事件，例如双极性窄脉冲（Narrow Bipolar Event，NBE），具有辐射强度大、孤立性、持续时间短等特征，已经作为一种全新的放电事件被提出来，此前研究中统计到的样本数据较少，故需要格外关注。

闪电等恶劣的天气现象对我们的生活构成重大威胁，且会快速和局部地演变，并不能用传统的 S 波段或 C 波段多普勒天气雷达系统完全探测到[20]。观察闪电的最佳方法之一是使用闪电定位系统，其已经在世界许多国家安装，数据已被广泛应用于电力公司、气象组织和空间机构。

雷电放电会产生从几赫兹到几千赫兹的宽带电磁辐射。通过分析电磁波强度的时间变化，可以知道雷电的物理过程，特别是雷电发生地点信息，这对于雷暴电气化研究非常重要，同时对研究雷电造成的损害原因也有很大帮助[19,20]。

为了获得云对地（CG）和云内（IC）放电的整体结构的清晰二维（2D）或

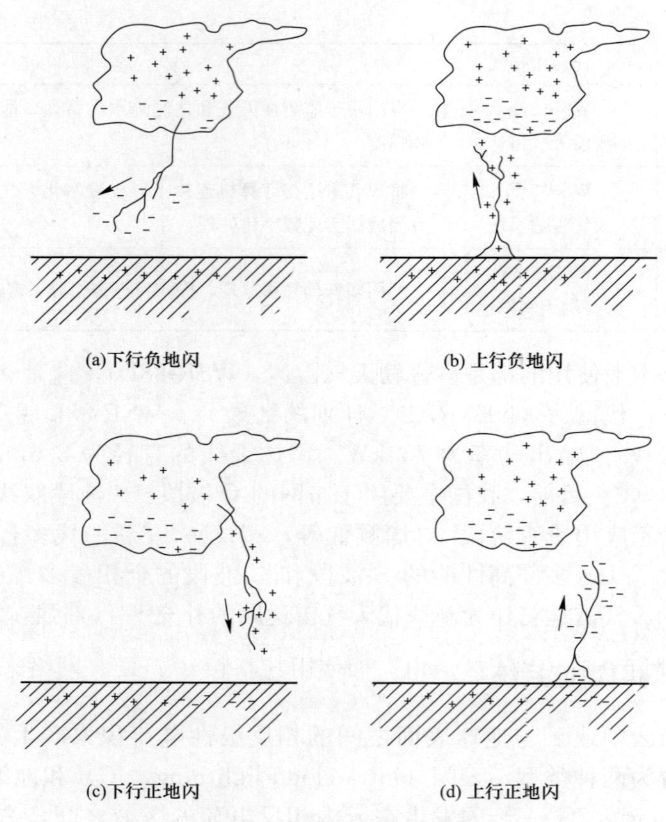

图 1-4 4 种形式的地闪放电

三维（3D）图像，科学家们设计和开发了磁场定向（Magnetic Direction Finder，MDF）定位技术、干涉法定位技术（Interferometry）和时差法（Time Of Arrival，TOA）定位技术用于闪电定位。表 1-2 和表 1-3 列出了这三种定位技术的部分应用。

磁场定向（MDF）定位技术利用两个相互垂直的正交环和一个平板天线感应闪电电磁场，用环测量来自垂直辐射源的磁场，同时确定源的方向，用平板天线消除方向模糊。磁定向系统（DFS）易受站点误差的影响，例如非平坦地形和各种建筑物。

干涉法定位技术最早由 Warwick[21] 等引入闪电 VHF 辐射源定位研究中，通过确定到达不同天线的入射信号相位差来确定辐射源位置。Hayenga 和 Warwick 等（1981）[22] 最早发展了窄带干涉仪。信号的中心频率为 4.4MHz，带宽为 3.4MHz，正交基线的长度为 4 倍波长。Shao 等（1996）[23] 提出宽带信号闪电辐射源定位的设想，并证明可行。干涉仪定位系统能够获取闪电通道发展得较为精细化的定位结果，但是由于这类系统工作在 VHF 频段，且出于较高探测、定位能力的需求，对采集设备的性能指标要求较高。

时差法（TOA）最早由 Proctor[24] 等开始研究，并应用于雷电定位系统，根据记录到的位置辐射源产生的辐射信号到达两个或更多已知位置接收机的时间差，通过两条双曲线交叉计算出辐射源的位置。基于 TOA 定位原理的系统既可工作在 VLF/LF 频段，也可在 VHF 频段。

采用 VLF/LF 时差法的代表定位系统有美国国家闪电探测网（National Lightning Detection Network，NLDN）、美国洛斯阿拉莫斯天线阵列（Los Alamos Sferic Array，LASA）、欧洲闪电探测网（Lightning Detection Network，LINET）等，而采用 VHF 时差法的代表定位系统有闪电映射阵列（Lightning Mapping Array，LMA）、闪电辐射源定位系统（Lightning Radiation Source Location System，LLR）、闪电探测和测距阵列（Lightning Detection And Ranging Network，LDAR）等。其性能对比分别见表 1-3～表 1-5。

Uman 和 Krider 发现 IC 和 CG 在低于 1kHz 和高于 100kHz 的频率下引起类似的电场频谱。Orville 和 Richard（1998）[25] 发现由于在低频（LF）范围中 CG 闪电更强烈，具有大约 10kHz 的峰值频率的回击，因此，低频（LF）雷电检测网络非常适合于识别 CG 闪电，而使用甚高频（VHF）网络来检测 IC 闪电和 CG 闪电的云内部分。

表 1-2　　使用干涉测量技术的研究概要

研究者	网络	特　点
Qing[26]	SAFIR 3000	（1）能够在三维空间中观察闪电。 （2）位于高度超过 1000m。 （3）干涉阵列使用雷电电磁波的差分相位测量来远程检测雷电活动。 （4）SAFIR LF 识别传感器是能够识别闪电的云地面特性的宽带天线。 （5）有能力通过雷电单体的移动轨迹提供雷电警告，并且还能够检测雷电放电的三维分布。 （6）可以定位 CG 和 IC 闪电，并在三维空间高度显示解析度。 （7）提前 30min 提供基于雷电细胞移动痕迹的雷电警告
Ahmad	SAFIR	（1）具有最高的定位精度和检测效率，并提供最大的警告时间。 （2）检测效率为 95%，位置精度为 1.0～2.0km。 （3）典型的干涉测量范围约为 50～150km，干涉仪至少由三个传感器构成
Lojou[27]	总闪电传感器 TLS20	（1）根据每个偶极子信号的相位差，使用 5 个偶极子阵列来确定闪电源的方向。 （2）可用于云端闪光的精确 2D 映射，以及高效的 CG 闪电定位。 （3）提高 VHF 总闪电传感器的检测精度，使超过 30%

表 1-3　　使用时差法（TOA）和磁向定位技术（MDF）的研究概要

研究者	Rakov[28]	Rakov、Hussein	Amir	Chonglin	Cummins	Ibrahim	Lojou
探测装置	甚高频（30～300MHz）	电场鞭状天线	宽带圆形扁平天线	宽带传感器	IMPACT 传感器	小型有源天线	正方向磁环天线
方法	TOA	TOA	TOA	TOA	TOA、MDF	TOA、MDF	TOA 和 MDF，结合闪电波形识别算法
特点	根据单个闪电 VHF 脉冲的到达探测站之间的时间差来计算雷电放电位置（纬度和经度）和时间，从而了解整个雷电发展过程	1. 长基线，也称为雷电位置跟踪系统（LPATS）。 2. 为了通过测量站点的信号到达时间之间的差异来确定位置，站点间距为 200～400km。 3. 基于微处理器的系统可以直接存储终端上的位置数据。 4. 检测站 400km 内的探测效率为 40%～55%	使用三个直径为 30cm 的宽带循环平板天线来定位	1. 全球总闪电网络（WTLN）是使用宽带传感器的雷电检测网络。 2. 检测频率范围为 1～12 MHz，IC 检测效率，高达 95%。 3. WTLN 由天线，全球定位系统（GPS）接收机，基于 GPA 的定时电路，数字信号处理器（DSP），车载存储和因特网通信设备组成。 4. 可以使用到达时间和信号幅度的波形来确定罢工的峰值电流和闪光灯的确切位置，包括纬度，经度和高度	1. 检测频率范围为 0.4Hz～400kHz。 2. 提供方位角和范围信息。 3. 估计参数：经度、纬度和放电时间	1. 被称为北美闪电检测系统（PLDS）。 2. 由两个正交磁环组成。 3. 不包含偏振误差。 4. 简单可靠，易于使用。 5. 能够检测和分析实时闪电数据，可以以文字和图形方式显示	1. 被称为全球闪电检测网络，或 GLD360，使用多个地面传感器来计算雷电放电位置（纬度和经度）和时间。 2. 能够准确定位世界各地大部分雷电，有效检测到 CG 的位置、极性和估计峰值电流。 3. 在一天内，发现了 588 200 个闪电，正确地识别了 145 901 个事件的极性，精确度为 94%，优于所有其他远程雷击检测网络，包括卫星。 4. 数据可在一周内得到

表 1-4　　采用 VHF 时差法的代表定位系统对比

系统名称	研发单位（人）	站点	中心频率（MHz）	带宽（MHz）	定位解算方法	时间精度（ns）	时间窗口（μs）	范围（km）	精度
LMA	新墨西哥矿业技术学院	13 个探测子站	63	6	非线性最小二乘法	50	100	100	水平精度 6～12m，高度精度 20～30m
LLR	张广庶	7 个探测子站	270	6	非线性最小二乘法	50	25	10	水平误差<11m，高度误差为水平的 2～3 倍
LDAR	肯尼迪空间中心	一个中心站，6 个子站（08 年后增加到 9 个）	50～120 内可调	5	非线性最小二乘法	50	50	10～40	水平精度约 10m，高度精度 20～30m

表 1-5　　采用 VLF/LF 时差法的代表定位系统对比

系统名称	规模	定位算法	探测频段（kHz）	定位精度	时间精度	探测效率
NLDN	100 多个传感器	TOA+DF	0.4～400	500m	1μs	95%
LASA	11 个测站	TOA		2km	2μs	
LINET	约 90 个传感器	TOA		150m		
BLNet	10 个测站	TOA				
WWLLN	40 多个测站	TOA	3～30	10km	30ms	
ZEUS		TOA	7～15	10～20km		
PacNet	4 个测站	TOA+DF		13～40km		白 17%～23%，晚 40%～61%

1.3 雷电预警技术

雷电预警是指运用大气电场数据、闪电定位数据、雷达观测数据、卫星观测数据等观测资料，通过多资料综合运用、建立数学模型、统计分析、临近外推及数值预报等技术手段，对已经发生闪电的区域进行识别、跟踪，对可能发生雷电活动的区域进行预警[29]。当前国内外的雷电预警系统主要依托于大气电场数据、多普勒天气雷达观测数据以及闪电定位技术。

在国外很早就已经开始探索将大气电场数据应用于雷电活动的短时临近预报预警，比如美国肯尼迪机场[30]早在 20 世纪 90 年代就已经建立起多个地面电场仪联合监测大气电场强度的变化以用于雷电的预警系统，此外，美国还建立起了覆盖全国的雷电电场监测系统（NLDN），并将数据广泛用于各种雷暴活动预测的研究以及雷电发展的研究。美军空军第 45 天气中队曾以雷达为工具进行雷电临近预报的研究，选用云顶高度参数作为雷电预警的一个重要参量，在 1996 年亚特兰大奥运会期间作为雷电预警系统得到成功应用。21 世纪初美国开展的 NWS 和 NOAA 项目中，对雷暴活动中电荷结构的变化过程与天气变化过程的关系做了深入的研究，同时采用了三维 VHF 闪电定位系统 LMA 和多普勒天气雷达等设备进行闪电数据和雷云数据的采集，为研究雷暴的发生发展提供了十分重要的材料和参考。

近几年来，在我国部分地区也开始对小区域的地面电场仪并入网络系统开展探索，将其应用于电学研究和雷电预警方法设计，取得了一定的成果。也有部分研究人员基于闪电定位系统实际的监测结果，提出了将地面电场的监测到的闪电数据用在雷电预警中的一些方法。雷暴云的起始、发展、成熟及消亡等过程非常复杂，在不同的阶段各有其特点，全闪电定位监测系统也受到周围环境和条件影响，数据存在一定的误差，如何更准确、更有效、更深入地利用闪电定位数据进行雷电预警已成为多数学者的研究目的。目前我国对闪电定位系统在雷电预警中的应用还处在亟待发展的阶段，虽然有部分地区已经大量建设闪电监测系统，但数据进一步应用的进程仍比较迟缓，多为探测系统，只是直接反映电场信息，并实际应用于雷电的预警。

1.3.1 基于大气电场数据的雷电预警方法

大气电场数据主要指大气电场强度及其变化时的电场值抖动情况等，大气电场强度是大气电学的基本参数，在雷暴电学、晴天电学和闪电现象中均有重要研究价值，在对雷暴活动和闪电现象的监测中有重要作用。雷电本质上是一种瞬态大电流、高电压的空气击穿现象，其发展前期电场会有明显的变化，电场强度远远高于正常值，空气中的电介质在电场作用下发生电离，游离的电解离子继续发生碰撞电离从而导致正离子区和负离子区间贯穿放电，整个过程中电场的作用和变化是必不可少的，通过对电场进行实时观测、规律总结，可以得到电场变化与雷电发生发展阶段一一对应的密切联系，大气电场仪可以对闪电活动进行有效的监测，当电场值达到门限阈值时进行报警，提示闪电活动即将有可能发生；当监测到有闪电发生时，大气电场值会出现明显的不规则抖动，借以判断闪电发生的实际方位。

国内对于基于大气电场数据的雷电预警的研究起步较晚，但也取得了一系列的研究成果，卢炳源在分析了番禺地区雷暴活动与大气电场变化的关系和特点后，提出了基于电场强度的雷电预警的判断标准——电场强度到达的门限等级和电场曲线初始阶段是否有快变抖动[31]；吴健等人在此基础上进一步提出，雷电距离预警还要参考闪电发生的位置与地面电场仪间的距离，并辅以人工判断雷电的移动趋势[32]；柴瑞等人通过对大量的雷暴数据进行分析研究，结果表明当闪电发生位置在距大气电场仪 10～15km 范围内时，电场仪的预警效果和精确度达到最佳[33]。虽然大气电场仪能够实时反映雷暴天气中大气电场的变化情况，但是无法确定闪电发生的准确时间和位置，对闪电的发生具有延迟性，若仅仅利用闪电数据进行预警，误报率会比较高。

1.3.2 基于多普勒天气雷达的雷电预警方法

多普勒天气雷达可以观测高于地面电场很多的云层顶端的信息，其中经过研究发现，雷达观测数据与雷电的发生有着十分密切的关系，最重要的一个指标便是雷达观测回波，雷达的回波高度、回波强度、回波顶高、径向速度、垂直液态含水量等可以直观地反映雷电的预警、发生和发展。雷电不可能无缘无故地产生，大气中的雷电现象都是雷云发展到一定阶段的产物，只有雷云中的正负电荷积累到足够发生空气击穿的程度、携带正负电荷的雷云之间发生足够的碰撞摩擦，才能产生云闪，携带大量电荷的雷云厚度达到一定标准、与地面的距离运动到足够距离，才能发生地闪。天气雷达可以观测雷云发展的不同阶段，通过雷达监测到的各种数据对雷云的现状进行判断，包括雷云影响范围、雷云中离子碰撞程度、携带电荷总量、雷云的预警等级，从而对发生闪电的可能性大小、下一步可能发生闪电的区域方位和面积进行预测。与此同时，雷达可以实时直观地监测云层的变化情况，包括云层面积、高度、厚度、走向、风向、风速等，对于雷暴活动的下一步移动路线的预测有着天然的优势。

常越等人通过对 2007 年 5—8 月湖南长沙地区的雷达观测结果研究分析，发现对于湖南地区，单体 40dB 回波的顶高超过 7.5km，垂直积累液态含水量 VIL 值超过 30kg/m^2 的区域发生雷电活动的概率十分大[34]。但是他们也指出，雷达数据缺乏综合性、准确度不够高、精确度不够好，已经成为雷电预警研究的瓶颈。

1.3.3 结合大气电场与闪电定位技术的预警方法

闪电定位仪则可以探测闪电发生的方向、强度、频率及其变化等信息，可以全天候、长期运行，实时储存闪电的具体指标，包括发生时间、发生位置闪电强度、闪电极性等。但是闪电定位技术对于尚未发生的雷电没有任何反应，记录不到闪电发生前电荷的演变、雷暴云发展早期的云闪，闪电定位系统只能记录闪电发生后的具体数据用于之后的雷电预警，是一个事后监测系统。

宋豫晓结合大气电场仪和闪电定位仪的主要应用，探讨了其在航空领域的应用前景[35]；为改善预警结果，降低误报率和漏报率，罗林艳等人提出里一种利用多站联合大气电场仪的大气电场数据，监测地面电场的分布、强度和变化，划定预警范围，同时结合实时闪电定位数据的观测结果判断雷云的走向，并观测器移动路径，综合性、准确性均较高的雷电预警方法[36]。此方法对于由远及近的雷电活动具有较高的准确性，尤其对 1km 以内的强雷暴预警效果最好，TS 评分有 0.73；刘宇等人依托广州电网 220kV 变电站，对同时引入大气电场和闪电定位资料综合进行预警的方法进行了实例验证，预警系统对成功地保障广州电网的安全稳定运行做出了重要贡献[37]。

越来越多的研究表明，综合运用多种不同技术的多元化探测设备对提高预警的准确性和时效性具有重要作用[38]。同时随着数值预测模式的推广，运用大量观测数据作为预警基础，结合多种不同的处理方法，可以有效提高预测的精确性，建立在大数量、高频次观测数据基础上，结合科学有效的外推预测的新型数值预测模式已经成为未来雷电预警系统的一个十分重要的方向。

当下大部分的雷电预警研究都是针对大气电场数据以及多普勒气象雷达展开，而仅仅只是将闪电定位数据作为辅助，更多的是用于进一步确定雷暴的预警等级，这实际上忽视了闪电定位数据的很多更重要、更实用的方面，特别是在预测雷云移动方向路线的方面的潜力。闪电定位数据有着大数据的优势，在数值预测模式中有着很大的展开空间，基于全闪电定位系统的雷电预警系统将在雷电预警的研究中占据一方新天地。

1.3.4 基于全闪电定位技术的雷电预警方法

全闪电定位数据在雷电预测方面具有独特的优势。首先是精确性，闪电定位系统可以精确定位已经发生的每一道闪电的空间、时间位置等信息，空间定位误差最低可以达到 100m 以内，时间定位误差最低可达 1ms。其次是准确性，不论是云闪还是地闪，闪电定位系统所监测到的每一组闪电数据都与一次闪电活动相对应，直观且可靠，相比之下大气电场观测和天气雷达观测所得的数据都是预示或揭示闪电活动发生时所引起的一系列变化，实际上是否真正发生了闪电击穿现象并不能保证，它所反映的更加接近一种基于大量观测数据对比后得出的事件发生概率，虽然科学有效，但可靠性不如闪电定位技术。再者，闪电定位数据量庞大，目前常用的闪电定位系统几乎可以保证准确定位区域内发生的所有闪电击穿现象，包括云闪、地闪、NBE等，而且不仅可以得到闪电发生时间、地点，还可以得到闪电的强度、类型、持续时间等多种多样的信息。对于活动十分剧烈的雷暴，短短几个小时内就可以得到几万条数据，提供足够量的信息用于雷电的预警及优化。最后，闪电的发生往往都不是单一的，具有簇状发生的特点，因而监测到的闪电数据也具有簇状分布的特点，这对于确定雷暴的实际影响范围具有很明显的作用，基于天气雷达观测所得的雷云大小是整个雷雨云层的面积，往往比实际发生雷电的区域要偏大很多，而其中只有电荷积累量足够多、电荷碰撞活动十分剧烈的雷暴中心区域才有发生雷击的可能，需要进行预警，因此闪电定位数据在雷电尤其是地闪的影响范围、移动方向等方面有着应用的巨大潜力[39]。

2 雷暴活动过程参数表征方法

雷暴活动具有内在的时空演变规律，基于全闪电定位技术，可以提取出地闪、云闪、NBE 等典型放电的表征参数，还原雷暴活动的全生命过程。通过对广州夏季雷暴闪电数据的分析，选取 2014 年 5 月 16—23 日广州的十次典型雷暴，结合雷电活动强度表征量，对十次雷电活动进行对比分析，研究得到不同雷暴活动强度特征。

2.1 时间演变过程表征量分析

2.1.1 地闪活动时间演变特征

对 10 次雷暴活动中的地闪频次进行了统计，雷达两次完整体积扫描间隔的时间为 6min，考虑到闪电频次大小及对应于雷达数据时间间隔，每 12min 统计一次闪电频次。根据统计到的数据，以 24h 时间为横坐标，以每 12min 地闪频次和地闪频次与该雷暴地闪频次最大值百分比为纵坐标，得到图 2-1。

图 2-1（a）～（h）分别为珠三角地区 2014 年 5 月 16—23 日中 10 次雷暴活动中地闪频次随时间的变化情况，可以较为清楚地看出每一次雷暴地闪活动的起始、结束时间，及每次雷暴活动中每 12min 地闪频次最大值和达到这个最大值所用时间。

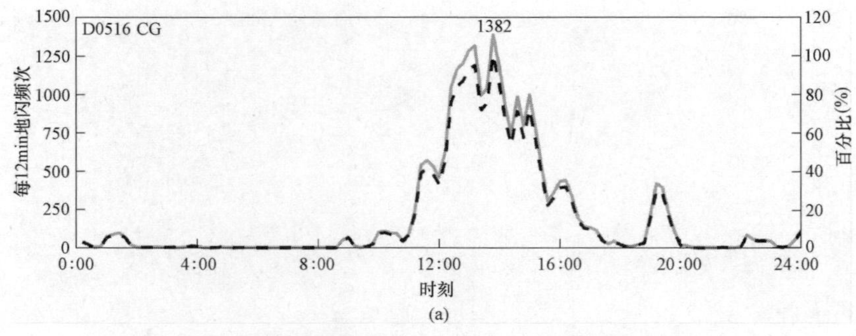

图 2-1　10 次雷暴过程地闪（CG）频次时间演变曲线（一）

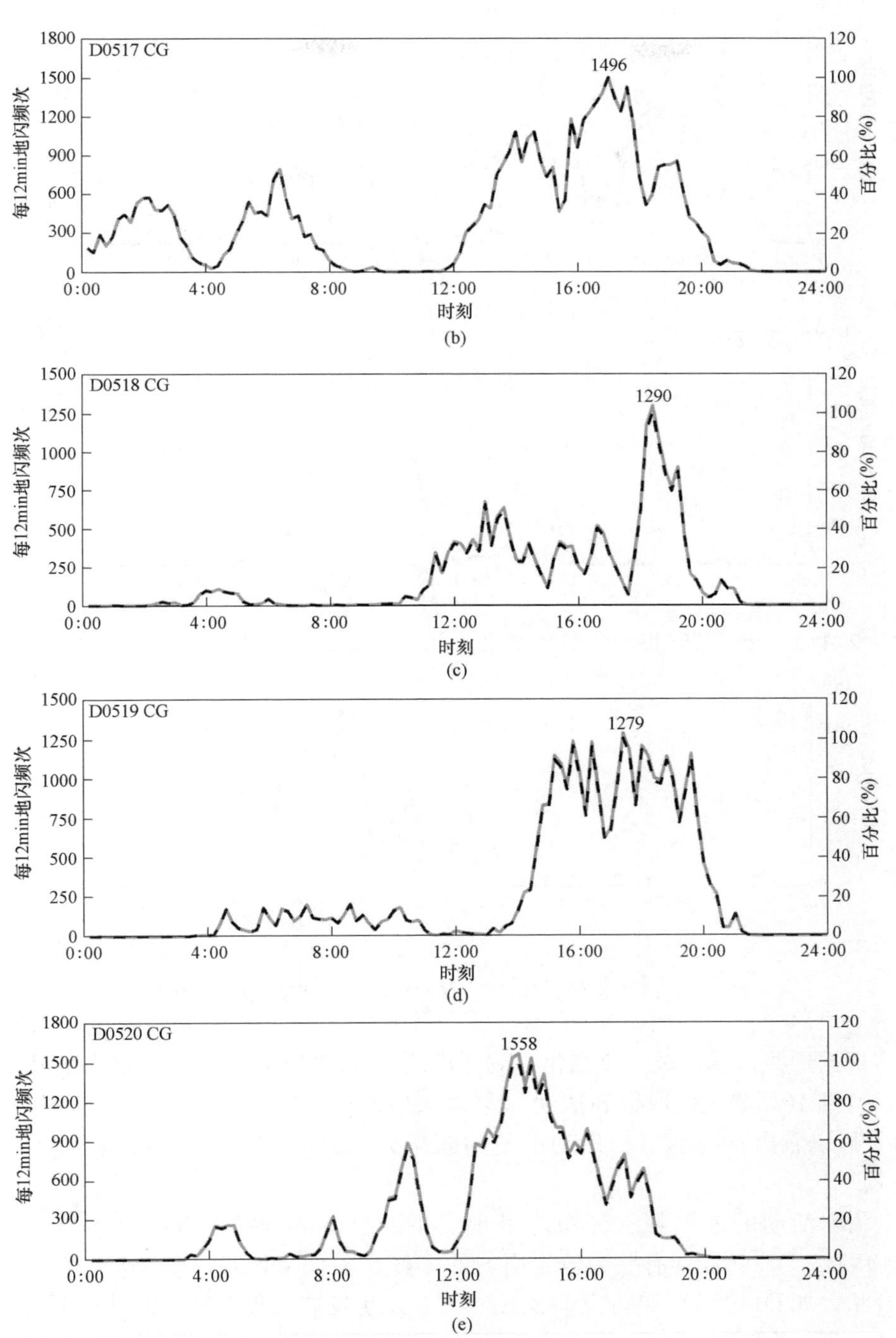

图 2-1 10 次雷暴过程地闪（CG）频次时间演变曲线（二）

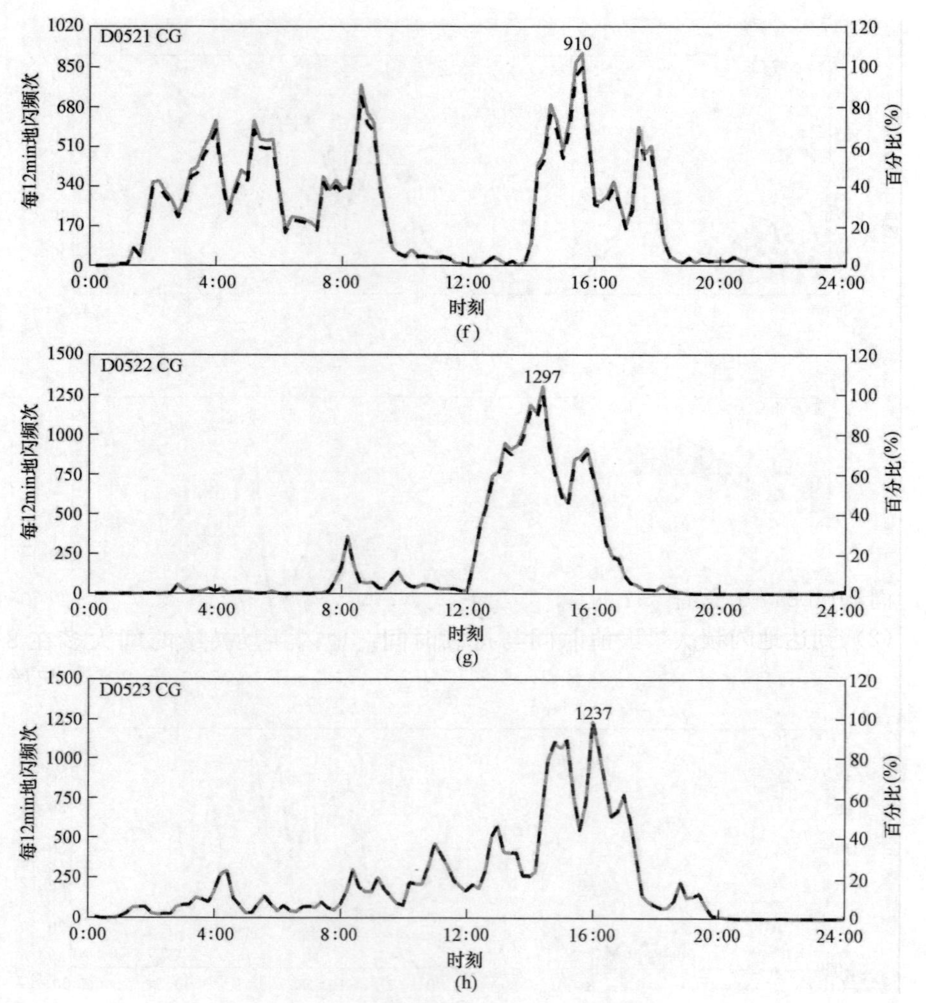

图 2-1　10 次雷暴过程地闪（CG）频次时间演变曲线（三）

根据这些信息，进一步细化得到 50％最大值持续时间、10％最大值持续时间、达到 10％最大值次数和达到 50％最大值对应的次数。通过分析图 2-1 和表 2-1，可以看出不同的雷暴活动中地闪频次分布有其相似性，也有各自不同的特征。

雷暴活动的地闪频次分布均呈现出不同程度的振荡，有些呈单峰状，如 D140516、D140522，有些为较为均匀的多峰状，如 D140517-1，还有些是两者结合状，如 D140520。雷暴活动类型不同，发生发展过程有较大差异。不同雷暴活动地闪频次随时间变化曲线的差异性，显示了研究闪电活动特征对分析强对流天气特性的重要性。进一步分析，得到如下特点：

表 2-1　　10 次雷暴地闪（CG）频次特征量

雷暴编号	起止时间	持续时间（h）	最大值（次）	到达最大值时间（h）	50%最大值持续时间（h）	10%最大值持续时间（h）
D140516	10:00—18:00	8	1382	3.5	3	6.6
D140517-1	0:00—9:00	9	792	6.5	3.6	7.2
D140517-2	12:00—21:00	9	1496	5	4.6	8.0
D140518	11:00—21:00	10	1290	7.5	1.4	8.4
D140519	13:00—21:00	8	1279	4.5	5	6.8
D140520	7:30—20:00	12.5	1558	6.5	4.6	9.2
D140521-1	1:00—12:00	11	775	7.5	3	8.0
D140521-2	13:30—18:30	5	910	2	2.4	4.4
D140522	12:00—18:00	6	1297	2.5	3	4.8
D140523	0:00—20:00	20	1237	16	2.6	11.2

（1）最大值：10 次雷暴每 12min 地闪频次最大值分布在 900～1600 次之间，地闪在雷暴活动中占少数。其中，D140520 每 12min 地闪频次最大值为 1558 次，而 D140517-1 只有 751 次。

（2）到达地闪频次最大值时间与持续时间：地闪活动持续时间大多在 8～11h，小于 8h 的有 D140521-2（5h）、D140522（6h），D140523 为 20h。起始到达每 12min 地闪频次最大值时间则大多在 3.5～7.5h，其中较小值 2h、2.5h 和最大值 16h 分别是 D140521-2、D140522 和 D140523。可以发现这两者的最大值和最小值所对应的雷暴是一致的。这 10 次雷暴从起始到达地闪频次最大值所用时间与地闪活动持续时间的比值分别为 43.8%、72.2%、55.6%、75.0%、56.3%、52.0%、68.2%、40.0%、41.7%、80.0%，比值大多分布在 50%～70%，说明不同雷暴中地闪活动最剧烈的阶段大多分布在其发展过程的中期，或者说，地闪活动在进程上表现出一定的阶段性，而这种阶段性可能和雷暴发展演变中的形成、融合、分散、消亡等过程有关。但也要注意到，D140521-1 这次雷暴地闪活动的持续时间有 5h，从起始发展到地闪频次达到最大值只花了 2h，比值为 40.0%，证明不同雷暴的发生发展还是有其差异性。

（3）地闪频次最大值与时间参数：10 次雷暴每 12min 地闪频次最大值和地闪活动持续时间和到达最大值时间未表现出直接关系，在一定程度上说明地闪活动的最大剧烈程度和持续的时间、发展快慢没有直接联系。

（4）50%最大值持续时间：将地闪频次达到 50%最大值的时段定义为地闪活动的活跃时段，10 次雷暴 50%地闪频次最大值持续时间大多在 2.5～3.5h。从上文可知，地闪活动持续时间大多在 8～11h，50%最大值持续时间与总持续时间的比值分别为 37.5%、40.0%、51.1%、14.0%、62.5%、36.8%、27.3%、48.0%、50.0%，13.0%，平均值为 38.0%，说明地闪活动的活跃阶段大约占其整个过程的1/3。值得注意的是，D140519地闪活动的50%最大值持续时间为5h，总持续时间为8h，比值为62.5%，说明这次雷暴地闪活动发展到活跃阶段，和从活跃阶段逐渐消失的速度较快，停留在活跃阶段的时间相对自身较长。D140523地闪活动的50%最大值持续时间为2.6h，总持续时长为20h，比值为13%，说明这次雷暴地闪活动发展到活跃阶段和从活跃阶段逐渐消失的速度较慢，停留在活跃阶段的时间相对较短。

（5）10%最大值持续时间：将地闪频次达到10%最大值的时段定义为地闪活动基础时段，10次雷暴10%地闪频次最大值持续时间大多分布在6.5～8.5h，与地闪活动的持续时间的比值分别为82.5%、80.0%、88.9%、84.0%、85.0%、73.6%、72.7%、88.0%、80.0%、56.0%，平均值为79.1%，大约占其整个过程的4/5。特殊的是，D140523地闪活动10%最大值持续时间为11.2h，总持续时长为20h，比值为56.0%，结合图2-1（h）可以看到这次雷暴地闪活动在前期一直处于很缓慢的发展状态，伴随着反复。

（6）达到50%最大值次数和达到10%最大值次数：10次雷暴地闪活动达到50%最大值次数分别为1、3、4、2、2、3、3、2、2、2，达到10%最大值次数分别为2、2、1、3、2、3、2、1、1、6，这和上文分析的地闪频次整体分布是单峰状还是多峰状相对应，结合图2-1能更进一步细化地闪频次的发展趋势。如D140520，地闪活动达到50%最大值次数为3，达到10%最大值次数为3，结合图形来看，该次地闪活动频次整体趋势呈多峰状，主峰有一大一小两个峰顶，小峰顶峰值超过50%最大值，同时，在主峰之前还有一小一大两个次峰，峰值分别超过了10%和50%最大值。

2.1.2 云闪活动时间演变特征

对10次雷暴活动每12min的云闪频次进行统计，以24h时间为横坐标，以每12min云闪频次，和12min云闪频次与其该雷暴云闪频次最大值百分比为纵坐标，得图2-2。

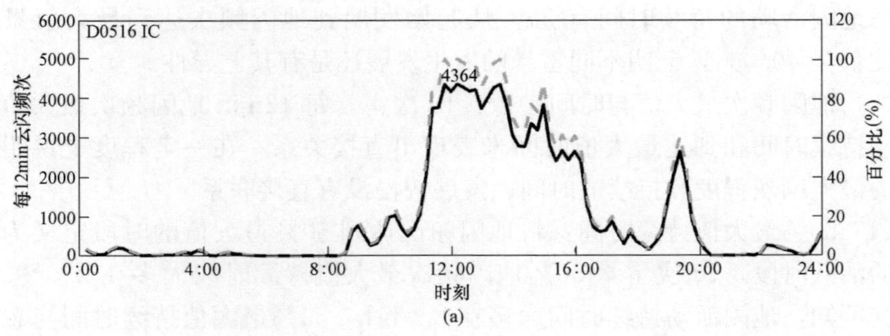

图2-2 10次雷暴过程云闪（IC）频次时间演变曲线（一）

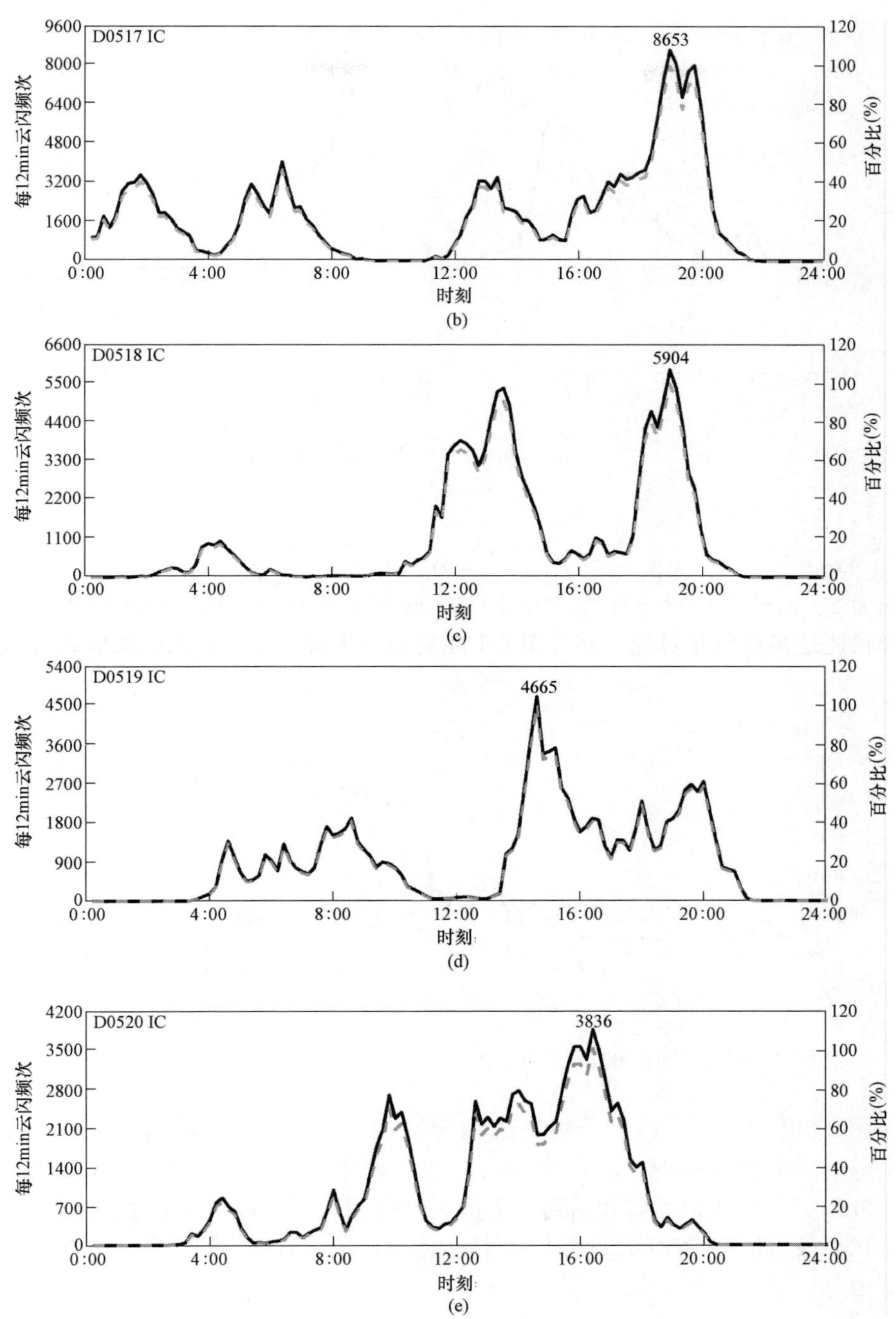

图 2-2 10 次雷暴过程云闪（IC）频次时间演变曲线（二）

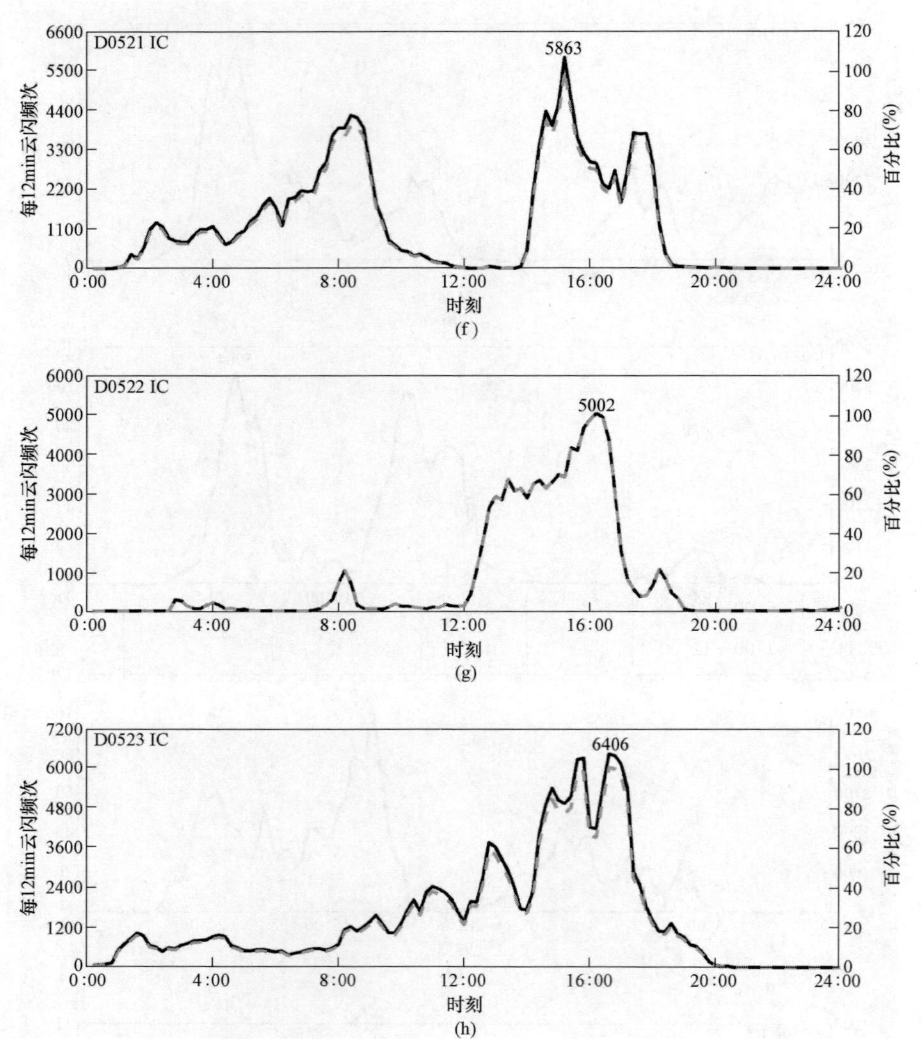

图 2-2　10 次雷暴过程云闪（IC）频次时间演变曲线（三）

图 2-2 中（a）～（h）分别为 2014 年 5 月 16—23 日 10 次雷暴活动中云闪频次随时间的变化情况，进而得到每一次雷暴中云闪活动的起始、结束时间，每 12min 云闪频次最大值和达到这个最大值所用时间，以及 50%最大值持续时间、10%最大值持续时间、达到 10%最大值的次数和达到 50%最大值对应的次数等信息，如表 2-2 所示。

首先进行对比分析，可以看出不同的雷暴活动中云闪频次分布也呈现出不同程度的振荡。雷暴 D140517-1、D140521-1、D140522、D140523 中云闪频次整体趋势呈现单峰状，过程中伴随小幅振荡。D140518、D140517-2 中云闪频次整体趋势呈现双峰状，且双峰的峰值相近。而雷暴 D140516、D140521-2 中云闪频次整体趋势同样呈现双峰状，但峰值一大一小。雷暴 D140519、D140520 中云闪频次整体趋势则呈现出多峰状，前者起伏较大，后者则较为均匀。不同雷暴活动云闪频次随时间变化趋势同样具有差异性，进一步佐证了研究闪电活动特征对分析强对流天气的重要性。相对地闪而言，云闪频次更大，在活动发展过程中的频次变化也更为剧烈。

表 2-2　　10 次雷暴云闪（IC）频次特征量

雷暴编号	起止时间	持续时间（h）	最大值（次）	到达最大值时间（h）	50%最大值持续时间（h）	10%最大值持续时间（h）
D140516	8:00—20:00	12	4364	3.5	5.2	9.2
D140517-1	(—)23:30—9:00	9.5	4063	8	3.2	7.8
D140517-2	11:30—21:30	10	8653	7	1.8	9.2
D140518	10:00—21:00	11	5904	8	4	8.4
D140519	13:00—21:30	8.5	4665	1.5	2.4	7.6
D140520	6:00—20:00	14	3836	10	6	10.8
D140521-1	1:00—12:00	11	4265	7.5	2.4	8.6
D140521-2	13:30—18:30	5	5863	1.5	2.6	4.2
D140522	12:00—19:00	7	5002	4	4.2	5.8
D140523	0:00—20:00	20	6406	16.5	3.6	13

雷暴云闪特征量特点进一步总结如下：

（1）云闪频次最大值：10 次雷暴每 12min 云闪频次最大值大多分布在 4000～6000，其中，最大值发生在 D140517-2 这次雷暴中，每 12min 云闪频次最大值达 8653，而 D140517-1 雷暴每 12min 云闪频次最大值只有 4063。注意到 D140521-1 和 D140521-2 雷暴中每 12min 云闪频次的最大值分别为 4265 和 5863。同一天发生的雷暴活动的剧烈程度既可以像 5 月 17 日这天有巨大差别，也可以像 5 月 21 日这天较为相近，这说明同一天发生的雷暴云闪活动剧烈程度没有必然的一致性。

（2）雷暴云闪活动起止时间：10 次雷暴中云闪活动大多开始于 11:00 之后，结束于 21:00 之前，活跃时间主要集中在 14:00—18:00，可以看到在 12:00 前的云闪频次均较小，云闪频次峰值最多出现在 8:00，12:00 之后云闪活动增强，云闪频次峰值最多出现在 16:00 附近，其次是 19:00，21:00 之后云闪活动几乎消失，这在一定程度上反映出珠三角地区夏季雷暴活动的时间分布特征。

（3）到达云闪频次最大值时间与持续时间：云闪活动持续时间大多在 7～12h 之间，此范围外的有 D140521-2（5h）、D140520（14h）和 D140523（20h）

等，持续时间较短和较长的情况只是少数。从起始到达每 12min 云闪频次最大值所用时间大多在 3.5～8，其中出现最小值 1.5h 和最大值 16h 分别和 D140519、D140521-2 和 D140523 对应。对比分析从起始到达云闪频次最大值所用时间与云闪活动持续时间的情况，发现这两者最大值所对应的雷暴是一致的，最小值中 D140521-2 对应一致。统计 10 次雷暴从起始到达云闪频次最大值所用时间与云闪活动持续时间比值分别为 29.2%、84.2%、70%、72.7%、17.6%、71.4%、68.2%、30%、57.1%、82.5%，比值分布出现两极化，较小比值分布在 20%～30%，较大值分布在 70%～85%，说明雷暴中云闪活动最剧烈阶段大多分布在发生发展过程的前期和后期，以后期居多。D140522 此次雷暴从起始发展到云闪频次达到最大值时间为 4h，云闪活动持续时间为 7h，比值为 57.1%，说明不同雷暴中云闪活动发展过程存在差异性，需要结合具体雷暴分析。

(4) 云闪频次最大值与时间参数：10 次雷暴每 12min 云闪频次最大值和云闪活动持续时间和到达最大值所需时间没有表现出直接关系，这和地闪情况相同，说明闪电活动的剧烈程度和持续时间、发展快慢没有直接联系。

(5) 50%最大值持续时间：将云闪频次达到 50%最大值时段定义为云闪活动活跃时段，10 次雷暴 50%云闪频次最大值持续时间大多分布在 2.5～3.5h。云闪活动持续时间大多在 7～12h，10 次雷暴 50%最大值持续时间与云闪活动持续时间的比值分别为 43.3%、33.7%、18.0%、36.4%、28.2%、42.9%、21.8%、52.0%、60.0%、18.0%，平均值为 35.6%，说明云闪活跃阶段大约占其整个过程的 1/3。D140522 云闪活动的 50%最大值持续时间为 4.2h，总持续时长为 7h，比值为 60.0%，说明这次雷暴云闪活动发展到活跃阶段和从活跃阶段到最后消失的速度较快，停留在活跃阶段的时间相对自身较长。D140523 云闪活动的 50%最大值持续时间为 3.6h，总持续时长为 20h，比值为 18.0%，说明这次雷暴云闪活动发展到活跃阶段和从活跃阶段逐渐消失的速度较慢，停留在活跃阶段的时间相对较短。

(6) 10%最大值持续时间：将云闪频次达到 10%最大值的时段定义为云闪活动基础时段，10 次雷暴 10%云闪频次最大值持续时间大多在 6～9h，与总持续时间的比值分别为 76.7%、82.1%、92.0%、76.4%、89.4%、77.1%、78.2%、84.0%、82.9%、65.0%，平均值为 81.1%，大约占其整个过程的 4/5。值得注意的是 D140523 云闪活动的 10%最大值持续时间为 13h，总持续时长为 20h，比值为 65.0%，结合 0 (h) 可以看到，这次雷暴云闪活动在前期一直处于很缓慢的发展状态，伴随着反复。

(7) 达到 50%最大值次数和达到 10%最大值对应次数：10 次雷暴云闪活动达到 50%最大值的次数分别为 2、2、1、2、2、2、1、2、1、2，达到 10%最大值的次数分别为 3、2、2、3、1、4、1、1、2、2。结合 0 能更进一步细化云闪频次的发展趋势。如 D140516，达到 50%最大值次数为 2，达到 10%最大值次数为 3，结合图形来看，图形显示该次地闪活动频次整体趋势呈双峰状，主峰发展前期有两次振荡，第一次振荡峰谷小于 10%最大值，主峰后地闪频次先降到 10%最大值以下，再发展到次峰，次峰峰值超过 50%最大值。

2.1.3　NBE 活动时间演变特征

对 10 次雷暴活动每 12min NBE 频次进行统计，以 24h 时间为横坐标，以每 12min NBE 频次，和 12min NBE 频次与该雷暴 NBE 频次最大值百分比为纵坐标，得到 0，见图 2-3。

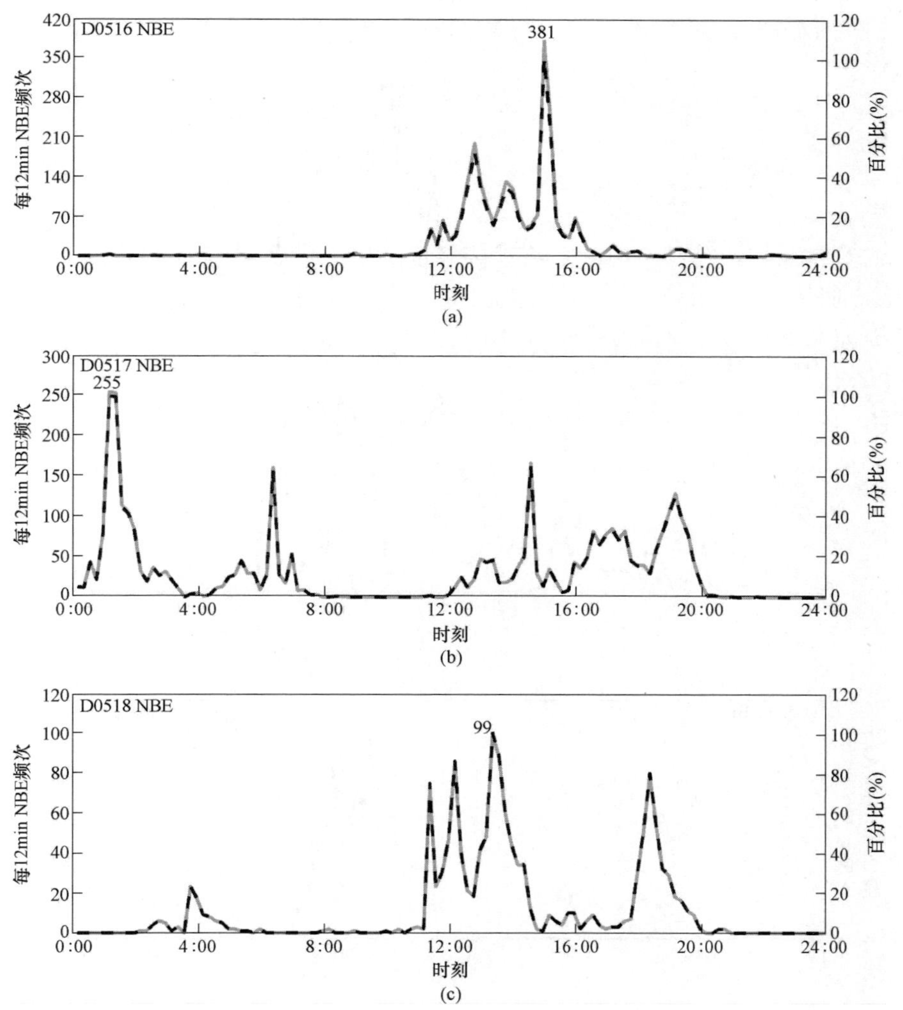

图 2-3　10 次雷暴过程 NBE 频次时间演变曲线（一）

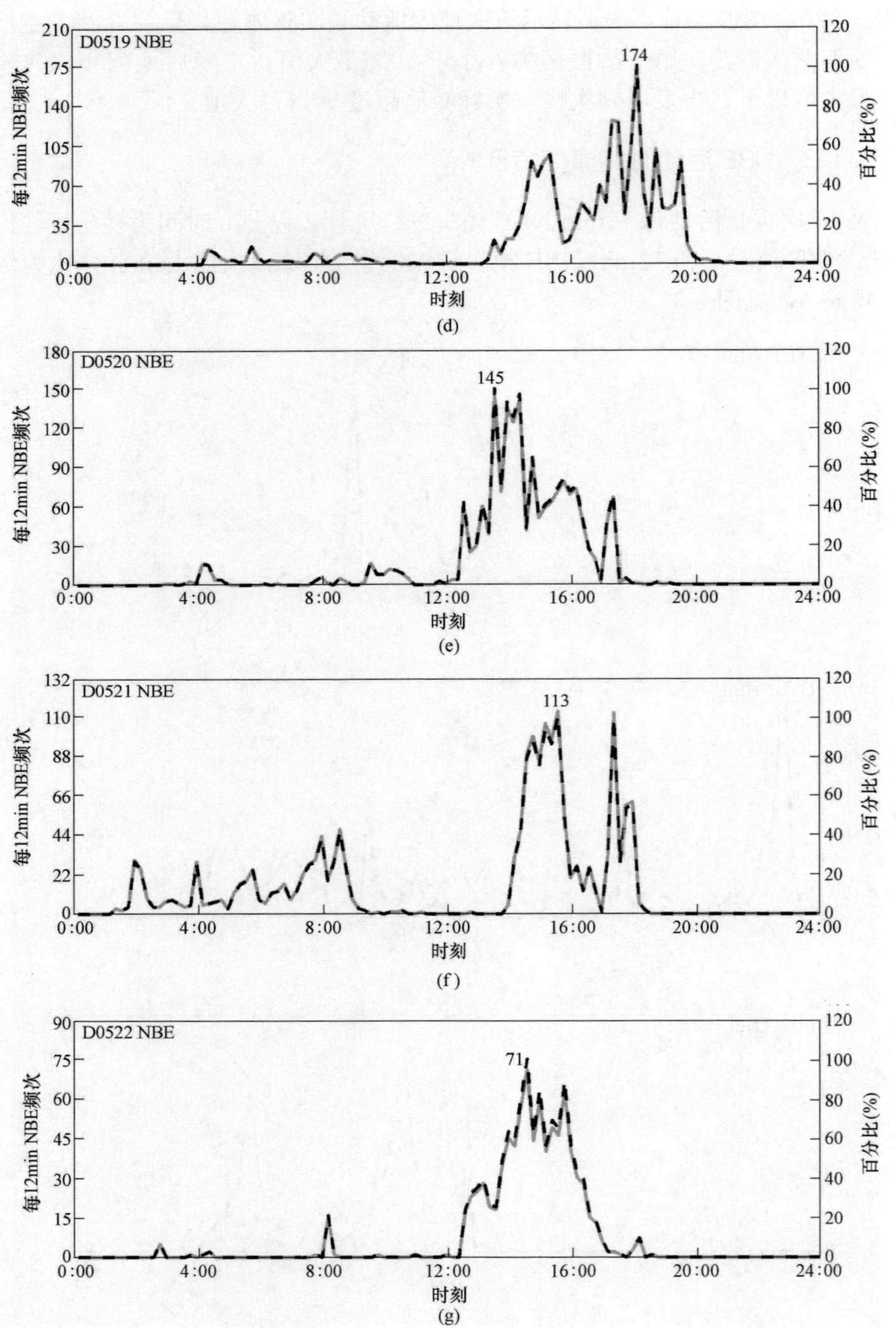

图 2-3　10 次雷暴过程 NBE 频次时间演变曲线（二）

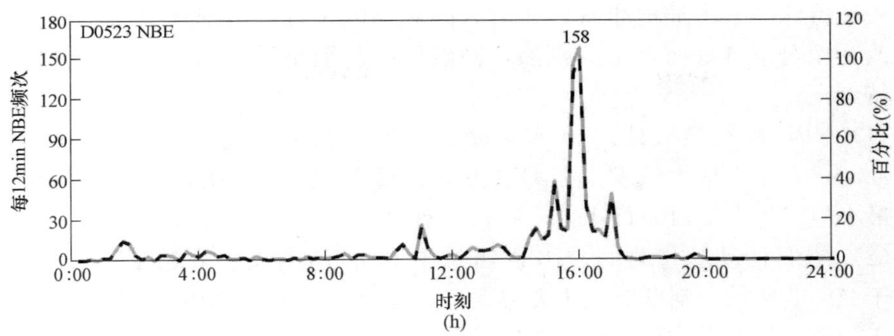

图 2-3 10 次雷暴过程 NBE 频次时间演变曲线（三）

图 2-3 中（a）～（h）分别为 10 次雷暴活动中 NBE 频次随时间变化情况。统计得到每一次雷暴 NBE 活动的起始、结束时间，和每 12min NBE 频次最大值和达到这个最大值所用时间，以及 50%最大值持续时间、10%最大值持续时间、达到 10%最大值次数和达到 50%最大值对应的次数等信息，如表 2-3 所示。

表 2-3　　10 次雷暴 NBE 频次特征量

雷暴编号	起止时间	持续时间（h）	最大值（次）	到达最大值时间（h）	50%最大值持续时间（h）	10%最大值持续时间（h）
D140516	11:00—20:00	9	381	4	0.6	4.2
D140517-1	0:00—8:00	8	255	1.2	0.6	3.8
D140517-2	12:00—20:30	8.5	167	2.6	0.8	7
D140518	11:00—20:30	9.5	99	2.4	1.4	5.6
D140519	13:00—20:30	7.5	174	5.2	1.8	6
D140520	7:30—18:00	10.5	145	6.1	1	5
D140521-1	1:00—9:30	8.5	47	7.6	2	6.4
D140521-2	14:00—18:30	4.5	113	1.6	1.8	2.4
D140522	12:30—18:30	6	71	2.1	2.2	4.6
D140523	1:00—20:00	19	158	15	0.4	2.8

进行对比分析，可以看出不同的雷暴活动中，NBE 频次分布呈现出比云闪和地闪还要剧烈的振荡特点。雷暴 D140522 和 D140523 的 NBE 频次整体趋势呈现单峰状，伴随有次峰出现。雷暴 D140517-1、D140520 中 NBE 频次整体趋势呈现双峰状，过程中伴随有不同程度的振荡，双峰的峰值一大一小。雷暴 D140521-2 中 NBE 频次整体趋势同样呈现双峰状，但峰值相近。雷暴 D140519、D140521-1 中云闪频次整体趋势则呈现出多峰状，前者整体频次较大，后者整体频次较小。不同雷暴活动 NBE 频次随时间变化趋势也表现出较大的差异，NBE

作为一种特殊的云内放电事件，相对云闪和地闪来说，出现频率要小得多，故频次改变相对于自身而言十分剧烈，剧烈程度甚至超过云闪。进一步分析得到以下特点：

（1）NBE 频次最大值。10 次雷暴每 12min NBE 频次最大值大多分布在 100～250，其中，最大值发生在 D140516 雷暴中，达 381 次，而每 12min NBE 频次最小值发生在 D140517-1 雷暴中，只有 47 次。

（2）NBE 活动起止时间。10 次雷暴中 NBE 活动大多开始于 11:00 之后，结束于 20:30 之前，活跃时间主要集中在 14:00—18:00。NBE 频次峰值最多出现在 14:00—16:00，20:30 之后 NBE 活动几乎消失，这在一定程度上和云闪活动分布情况相似。

（3）到达 NBE 频次最大值时间与持续时间。NBE 活动的持续时间大多在 7.5～10.5h，此外的有 D140521-2（4.5h）和 D140523（19h）等，持续时间较短和较长的情况只有少数。从起始到达每 12min NBE 频次最大值所用时间大多在 2～6h，其中出现的最小值 1.2h、1.6h 和最大值 15h 分别和雷暴 D140517-1 、D140521-2 和 D140523 对应。对比分析从起始到达 NBE 频次最大值所用时间与 NBE 活动持续时间，可以发现两者最大值所对应的雷暴是一致的，最小值中 D140521-2 对应一致。经统计，10 次雷暴从起始到达 NBE 频次最大值所用时间与 NBE 活动持续时间比值分别为 44.4％、15.0％、30.6％、25.3％、69.3％、58.1％、89.4％、35.6％、35.0％、78.9％。比值分布同样出现两极化，较小比值分布在 15％～35％间，较大值分布在 60％～80％，说明雷暴中 NBE 活动最剧烈阶段大多分布在发生发展过程的前期和后期。雷暴中 NBE 频次最大值出现时间和云闪频次最大值出现时间在大多情况下并不一致，有的雷暴甚至一个出现在前期而一个出现在后期，如雷暴 D140517-1 达到云闪频次最大值时间与云闪持续时间之比为 84.2％，而 NBE 相应比值只有 15.0％，这种情况在其他雷暴中也出现过。

（4）NBE 频次最大值与时间参数：10 次雷暴每 12min NBE 频次最大值和 NBE 活动持续时间和到达最大值所需时间没有表现出直接关系，这和地闪、云闪情况相同，进一步说明闪电活动的剧烈程度和持续时间、发展快慢没有直接关系。

（5）50％最大值持续时间：将 NBE 频次达到 50％最大值的时段定义为 NBE 活动活跃时段，10 次雷暴 50％NBE 频次最大值持续时间大多分布在 0.5～2h，与总持续时间的比值分别为 6.7％，7.5％，9.4％，14.7％，24.0％，9.5％，23.5％，40.0％，36.7％，2.1％，平均值为 17.4％，说明 NBE 活跃阶段大约占其整个过程的 1/5。此外，D140521-2 的 50％最大值持续时间为 1.8h，总持续时长为 4.5h，比值为 40.0％，说明这次雷暴 NBE 活动发展到活跃阶段和从活跃阶段逐渐减弱的速度较快，停留在活跃阶段的时间相对自身较长。D140523 的 50％最大值持续时间为 0.4h，总持续时长为 19h，比值只有 2.1％，说明这次雷暴 NBE 活动发展到活跃阶段和从活跃阶段逐渐消失的速度很慢，停留在活跃阶段的时间相对较短。

（6）10％最大值持续时间：将 NBE 频次达到 10％最大值时段定义为 NBE 活动基础时段，10 次雷暴 10％NBE 频次最大值持续时间大多分布在 4～6h，与总持续时间的比值分别为 46.7％、47.5％、82.4％、58.9％、80.0％、47.6％、75.3％、53.3％、76.7％、14.7％，平均值为 58.3％，大约占整个过程的 3/5。D140523 的 NBE 活动 10％最大值持续时间只有 2.8h，总持续时长为 19h，比值为 14.7％。

（7）达到 50％最大值次数和达到 10％最大值对应次数：10 次雷暴达到 50％最大值的次数分别为 2、2、2、4、6、3、5、3、1、1，达到 10％最大值的次数分别为 4、6、4、3、2、3、4、2、2、3。结合 0 能更进一步细化 NBE 频次的分布特征，可以看到 NBE 频次变化比云闪和地闪都更为剧烈，尤其是达到 50％频次最大值的次数比云闪和地闪都要多，说明 NBE 频次在较大值时相对自身变化得更为剧烈，起伏更多。

2.1.4 时间演变表征量分析

根据闪电定位资料统计 10 次雷暴活动全闪电频次的表征量，得到表 2-4。显示 2014 年 5 月的 10 次雷暴共探测到闪电约 124.6 万次，各类闪电探测统计结果见 0。可以看出，10 次雷暴探测到的云闪次数约为 101.7 万次，地闪次数约为 21.5 万次，NBE 次数接近 1.4 万次，平均闪电密度为 11 928 次/h，云闪占比为 81.6％，地闪占比为 17.3％，NBE 占比为 1.1％，云地闪比例约为 4.72，高于绪论中提到的全闪电分配比例。

表 2-4　　10 次雷暴活动全闪电频次表征量统计

雷暴编号	起止时间	持续时间（h）	云闪频次	地闪频次	NBE 频次	全闪频次	闪电密度（次/h）	云地闪比例
D140516	8:30—20:30	12	115 481	23 989	1981	141 993	11 833	4.81
D140517-1	（一）23:30—9:00	9.5	74 564	13 733	1694	89 991	9473	5.43
D140517-2	11:30—21:30	10	145 665	33 543	2028	181 236	18 124	4.34
D140518	10:00—21:00	11	120 095	20 013	1224	141 332	12 848	6.00
D140519	13:00—21:30	8.5	75 371	28 400	1945	105 716	12 437	2.65
D140520	6:00—20:00	14	101 899	35 102	1761	138 762	9912	2.90
D140521-1	1:00—12:00	11	76 021	15 441	581	92 043	8368	4.92
D140521-2	13:30—18:30	5	70 041	9811	1129	80 981	16 196	7.14
D140522	12:00—19:00	7	58 597	9405	578	68 580	9797	6.23
D140523	0:00—20:00	20	179 022	25 845	937	205 804	10 290	6.93

表 2-5 给出了 10 次雷暴过程表征量排序，分别将 10 次雷暴的全闪电频次 Total-R、闪电密度 D、云地闪比例和最大次数 T_{max} 进行排序，序号小的相应值较大，反之，序号大的相应值较小。

表 2-5　　　　10 次雷暴活动时间表征量排序

雷暴编号	全闪电频次 Total-R	排序	闪电密度 D (次/h)	排序	云地闪比例	排序	闪电最大次数 T_{max}	排序
D140516	141 993	3	11 833	5	4.81	7	5622	6
D140517-1	89 991	8	9473	9	5.43	5	5016	8
D140517-2	181 236	2	18 124	1	4.34	8	9585	1
D140518	141 332	4	12 848	3	6.00	4	6692	3
D140519	105 716	6	12 437	4	2.65	10	5278	7
D140520	138 762	5	9912	7	2.90	9	4701	10
D140521-1	92 043	7	8368	10	4.92	6	5005	9
D140521-2	80 981	9	16 196	2	7.14	1	6591	4
D140522	68 580	10	9797	8	6.23	3	5640	5
D140523	205 804	1	10 290	6	6.93	2	7153	2

对表 2-4 和表 2-5 细化分析，发现如下特点：

（1）闪电持续时长、全闪电频次、闪电密度、闪电最大次数不一定有直接相关性，单一量无法用来衡量雷暴强度大小。D140523 雷暴过程持续时间最长，为 20h，全闪电频次为 205 804 次，在 10 次雷暴中是最高的，但其并非 10 次雷暴活动中闪电密度最高的雷暴，闪电密度只有 10 290 次/h。闪电密度最大的雷暴为 D140517-2，闪电密度为 18 124 次/h，发生在 11:30—21:30，持续时间为 10h，全闪电频次为 181 236 次。

（2）云地闪比例大多分布在 4.5～6.5。D140521-2 拥有云地闪比例最大值，达 7.14，云闪频次占全闪电频次的 87.8%，D140519 云地闪比例最小，只有 2.65，即云闪频次占全闪电频次的 72.6%。

（3）闪电密度和雷暴发生时段有关。10 次雷暴均发生在 6:00 之后，结束于 21:30 之前，只有 2 次雷暴开始并结束于 12:00 前（包括 12:00），分别为 D140517-1 和 D140521-1，两次雷暴强度均较弱，闪电密度分别为 9473 次/h 和 8368 次/h，均不超过 10 000 次/h。10 次雷暴中有 4 次开始于上午 11:30 之后，结束于 21:30 前，分别为 D140517-2、D140519、D140517-2 和 D140522，闪电密度分别为 18 124 次/h、12 439 次/h、16 196 次/h 和 9797 次/h，除了 D140522，其余均超过 12 000 次/h，尤其是 D140517-2 和 D140517-2 的闪电密度均比当天上午发生的雷暴 D140517-1 和 D140521-1 大得多。10 次雷暴中有 4 次开始于上午，结束于晚上，持续时间在 11h 以上，分别为 D140516、

D140518、D140520 和 D140523，闪电密度分别为 11 833 次/h、12 848 次/h、9912 次/h 和 10 290 次/h，闪电密度平均值略高于发生在上午的两次雷暴，但远低于主要发生在下午和晚上的雷暴。

(4) 云地闪比例与雷暴发生时段有一定关系。发生在 12:00 之后，结束于 19:00 之前的有两次雷暴，分别是 D140521-2 和 D140522，云地闪比例分别为 7.14 和 6.23。

为直观表现全闪电频次分布，对 10 次雷暴活动中的每 12min 的全闪电频次进行统计，以 24h 时间为横坐标，每 12min 的全闪电频次为纵坐标，得到图 2-4。由图 2-4 可以得到全闪电、云闪、地闪及 NBE 频次随时间的分布情况。

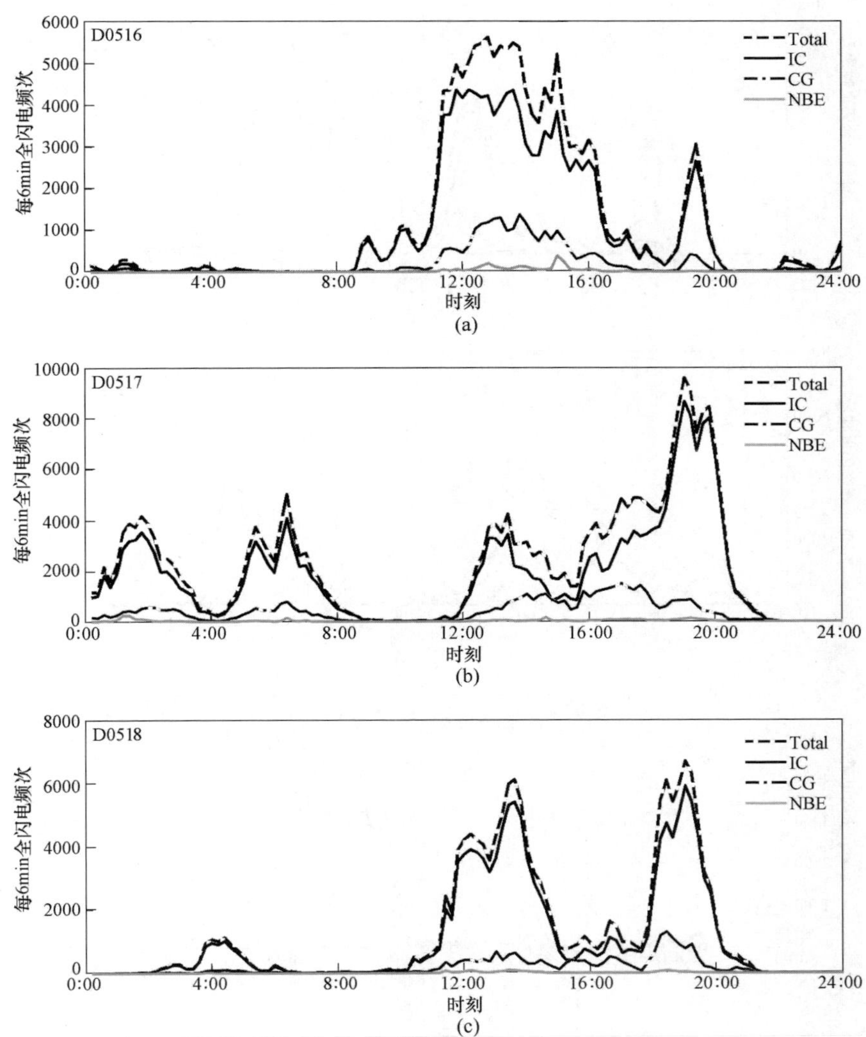

图 2-4 10 次典型雷暴过程全闪电频次时间演变曲线（一）

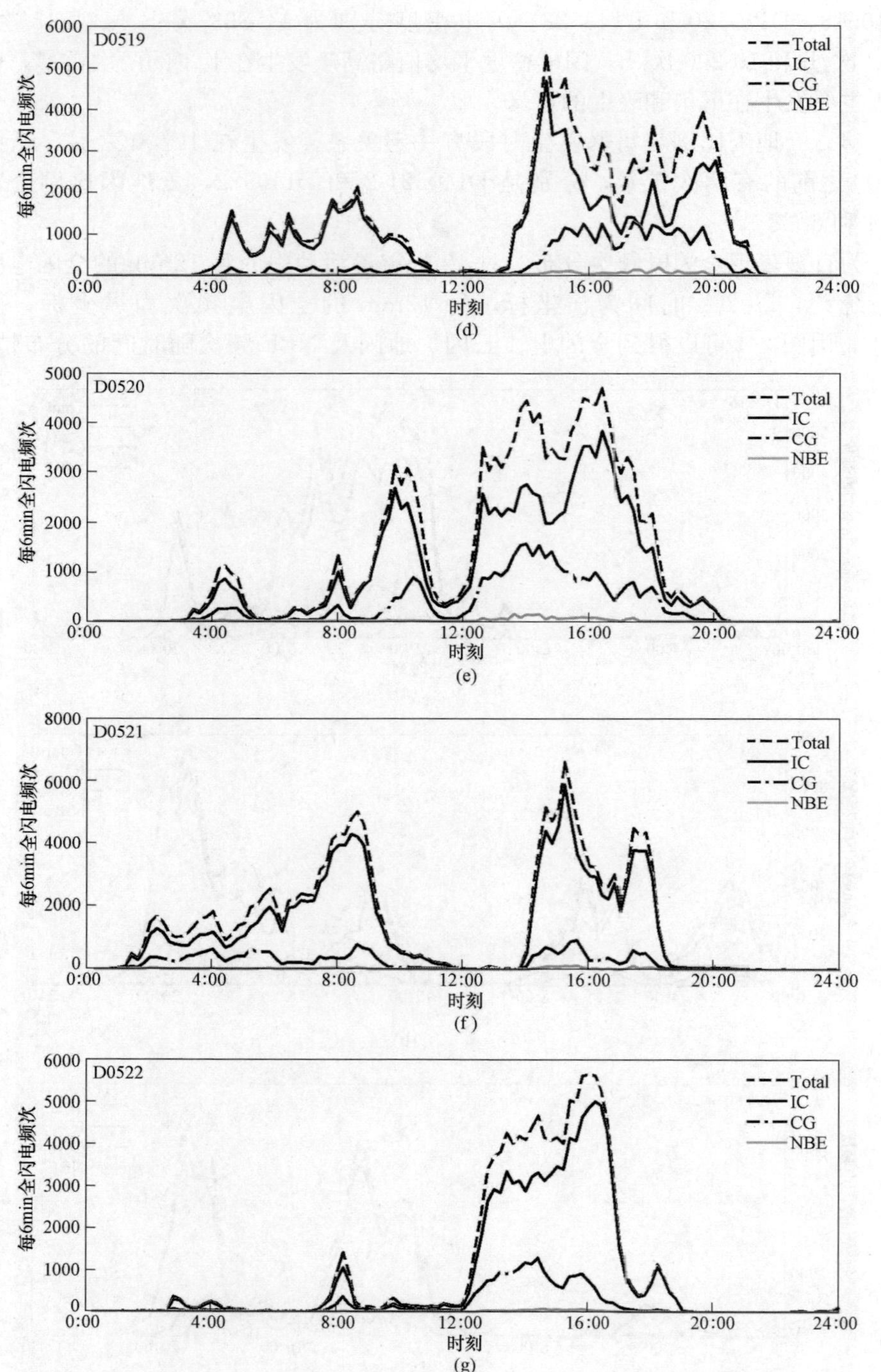

图 2-4　10 次典型雷暴过程全闪电频次时间演变曲线（二）

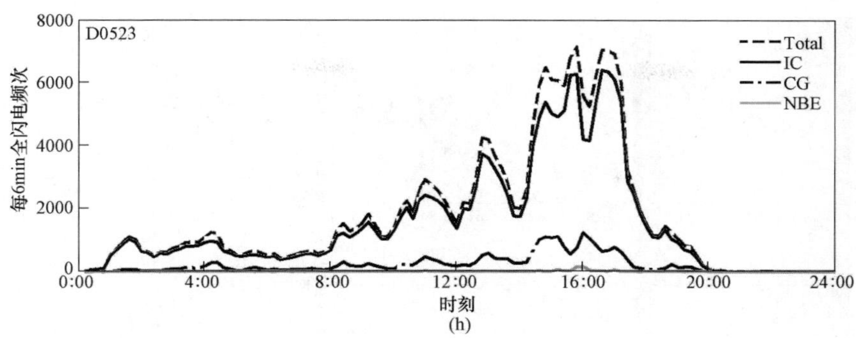

图 2-4 10 次典型雷暴过程全闪电频次时间演变曲线（三）

可以看出，全闪电与云闪频次的峰值出现的时间大多对应，而地闪频次的最大值往往并不同时出现，常出现偏差。全闪电与云闪频次的发展动态十分相似，升降大致趋势相同，而地闪并不一定随之变化，如 D140519 雷暴中，15:00—16:00 全闪电和云闪频次下降，而地闪频次却在上升。NBE 频次总体较少，变化趋势与全闪电类似。

2.2 地域演变过程表征量分析

2.2.1 雷暴地域演变过程

本节根据全闪电定位数据对珠三角地区 2014 年 5 月 16—23 日 8 天中的 10 次雷暴地域演变过程进行观测，选取的空间范围为经度［112，115］、纬度［22，25］的 300km×300km 区域。由前文可知这 10 次雷暴闪电活动的起止时间，如表 2-6 所示。

表 2-6 10 次雷暴闪电活动起止时间

雷暴编号	D0516	D0517-1	D0517-2	D0518	D0519	D0520	D0521-1	D0521-2	D0522	D0523
起止时间	8:30—20:30	（一）23:30—9:00	11:30—21:30	10:00—21:00	13:00—21:30	6:00—20:00	1:00—12:00	13:30—18:30	12:00—19:00	0:00—20:00

相应扩大范围，给出 10 次夏季雷暴闪电活动每 2h 闪电定位图，见图 2-5，1～10 分别代表 D140516～D140523 这 10 次雷暴活动，各选取了 3 张来展示雷暴大致演变过程。

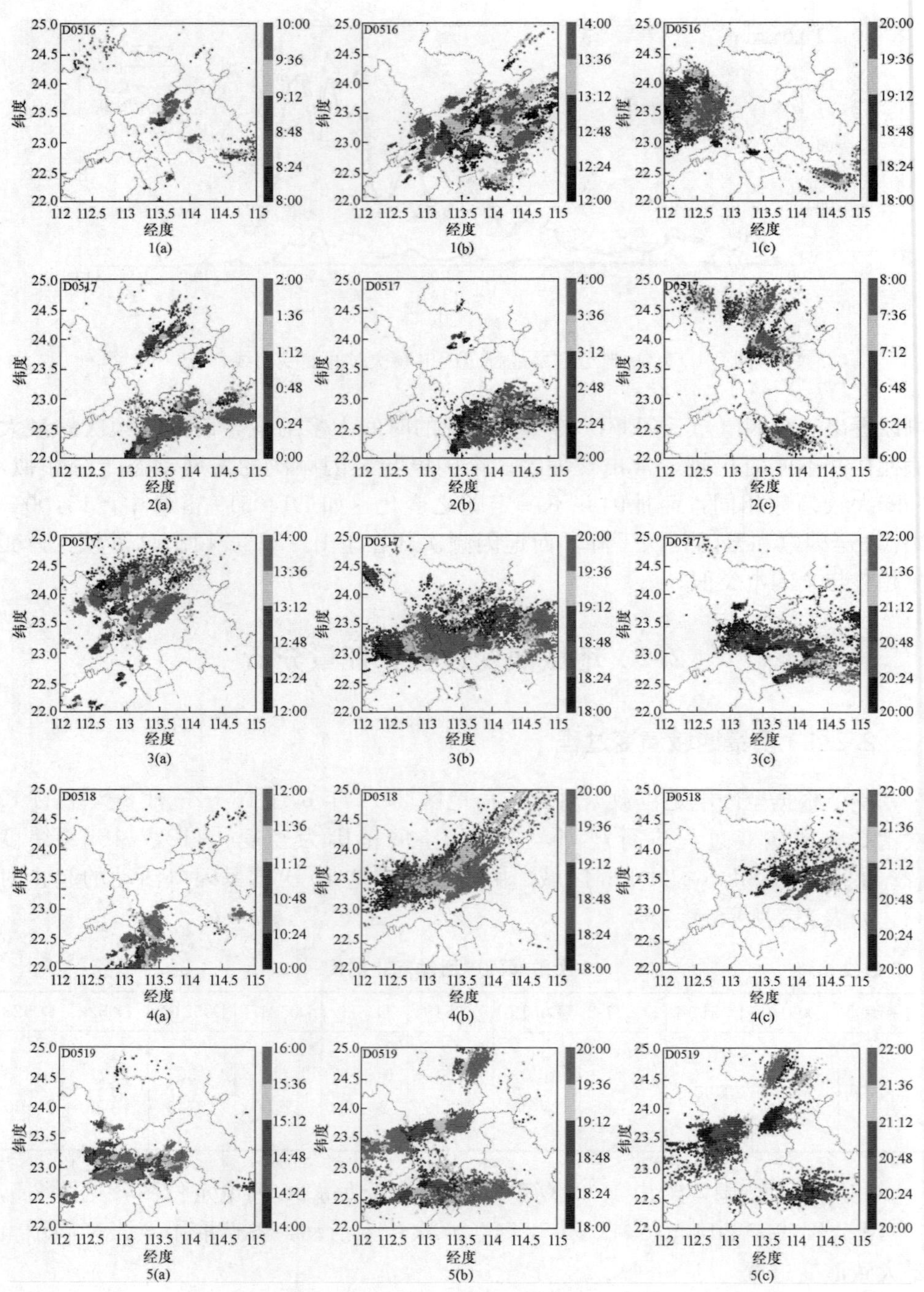

图 2-5 10 次雷暴闪电活动地域演变过程（2h24min）（一）

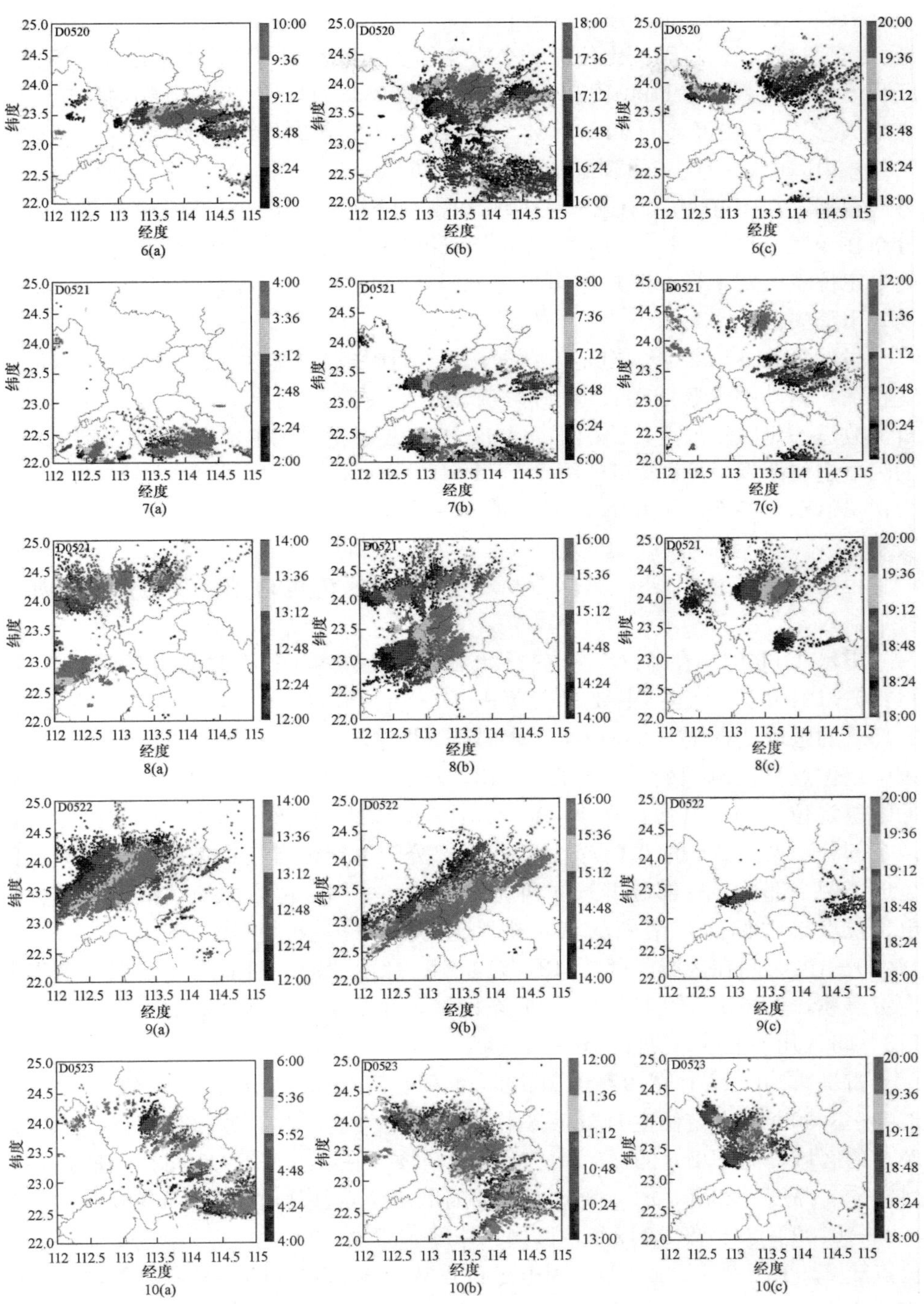

图 2-5 10 次雷暴闪电活动地域演变过程（2h24min）（二）

可以看到，图 2-5 中分别表现了 D140516～D140523 雷暴活动在珠三角地区地域演变过程，通过闪电定位点分布密集程度大致判断每 2h 雷暴运动趋势和活跃程度。例如，雷暴 D140522，见图 2-5 中的 9（a）～9（c），开始时闪电定位点绝大多分布在经度［112，113.5］、纬度［23，24.5］的区域内，观察图 9（a）中闪电定位点从黑到红的位置变化可以发现，闪电活动逐渐地在向东南方向移动，在图 9（b）中进一步体现，图 9（b）中闪电定位点总体呈带状大致分布在经度［112，115］、纬度［22.5，24］的区域内，分布位置与图 9（a）中闪电定位点大致平行，但总体向东南方向移动且更为分散。到图 9（c）闪电活动几乎消失。

虽然每 24min 统计闪电定位数据、每 2h 画图已经能表现出部分雷暴地域演变特征，但其中雷暴活动具体的形成、融合、成熟、分散、消亡等过程难以分辨。故进一步减小尺度，给出平面上这 10 次夏季雷暴闪电活动起止时间内每 1h 的闪电定位图像，见图 2-6～图 2-8，1～10 分别代表 D140516～D140523 这 10 次雷暴活动，各选取了其中 6 张来展示雷暴大致演变过程，以（a）～（f）来表示。

根据图 2-6～图 2-8，具体分析 10 个雷暴全闪电地域演变过程，有如下特点：

雷暴 D140516 在 9：00 左右开始在观察区域的中心地区出现闪电，在 11：00—12：00 闪电定位主要覆盖范围扩展到了经度［113，115］、纬度［22，23.5］的区域，在 12：00—13：00 间整体向北移动约 50km，见图 2-6 的 1（b），闪电定位点覆盖范围变为了经度［113，115］、纬度［22.5，24］。随后观测到的闪电定位向四周扩散，在 14：00—15：00 间以北偏东约 30°为切向主要分为了两个部分，见图 2-6 的 1（c）。之后，两部分闪电定位点集中偏向西北侧的点又分成了两个部分，一部分继续向西北向扩散，一部分留在原地消散，两部分闪电定位点集中偏向东南侧的点集则朝着东南向扩散，见图 2-6 的 1（d）。在 17：00—19：00间在区域经度［112，112.7］、纬度［23，24］间又出现一个闪电定位点簇，见图 2-6 的 1（e），并向东发展，在 20：00 左右移动到经度［112.5，113］间就几乎消散，见图 2-6 的 1（f）。

雷暴 D140517-1 在 0：00—1：00 间闪电定位点的分布还比较分散，在 2：00—3：00间闪电定位主要覆盖区域集中到了经度［113.5，115］、纬度［22，23］的区域，见图 2-6 的 2（b），后原地消散。在 4：00—5：00 间在经度［113，113.5］、纬度［23.5，24］区域中出现闪电定位点簇 1，见图 2-6 的 2（c），在 5：00—6：00 间在经度［113.5，114］、纬度［22.2，22.7］区域中也出现闪电定位点簇 2，见图 2-6 的 2（d）。闪电定位点簇 1 向东移动的同时向北扩散，闪电定位点簇 2 则一直向东移动并消散，见图 2-6 的 2（e），在 8：00—9：00 间闪电活动就几乎消失，见图 2-6 的 2（f）。

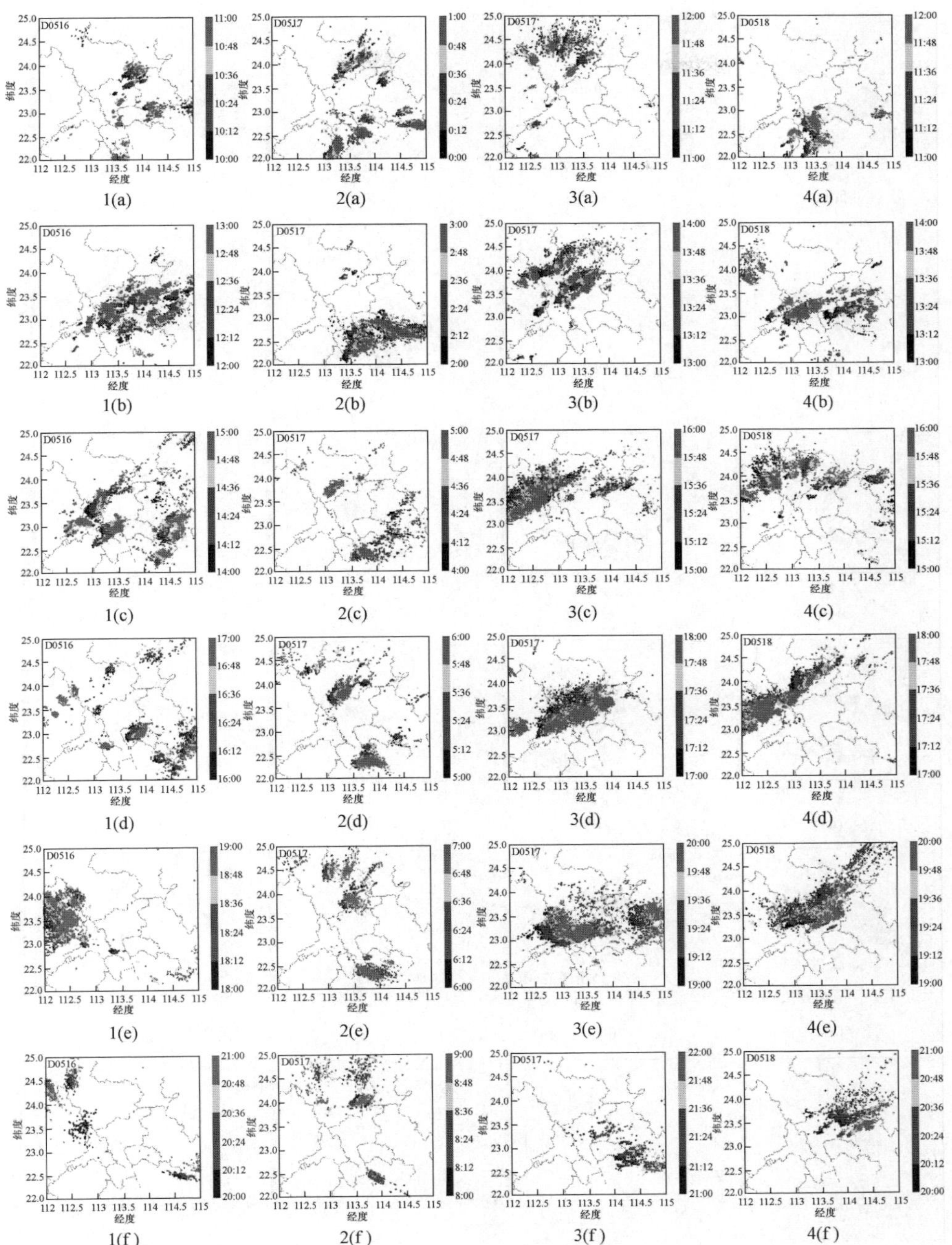

图 2-6 雷暴 D140516～D140518 闪电活动地域演变过程（1h12min）

从雷暴 D140517-2 的平面闪电定位图 2-6 的 3（a）中可以看到，闪电定位

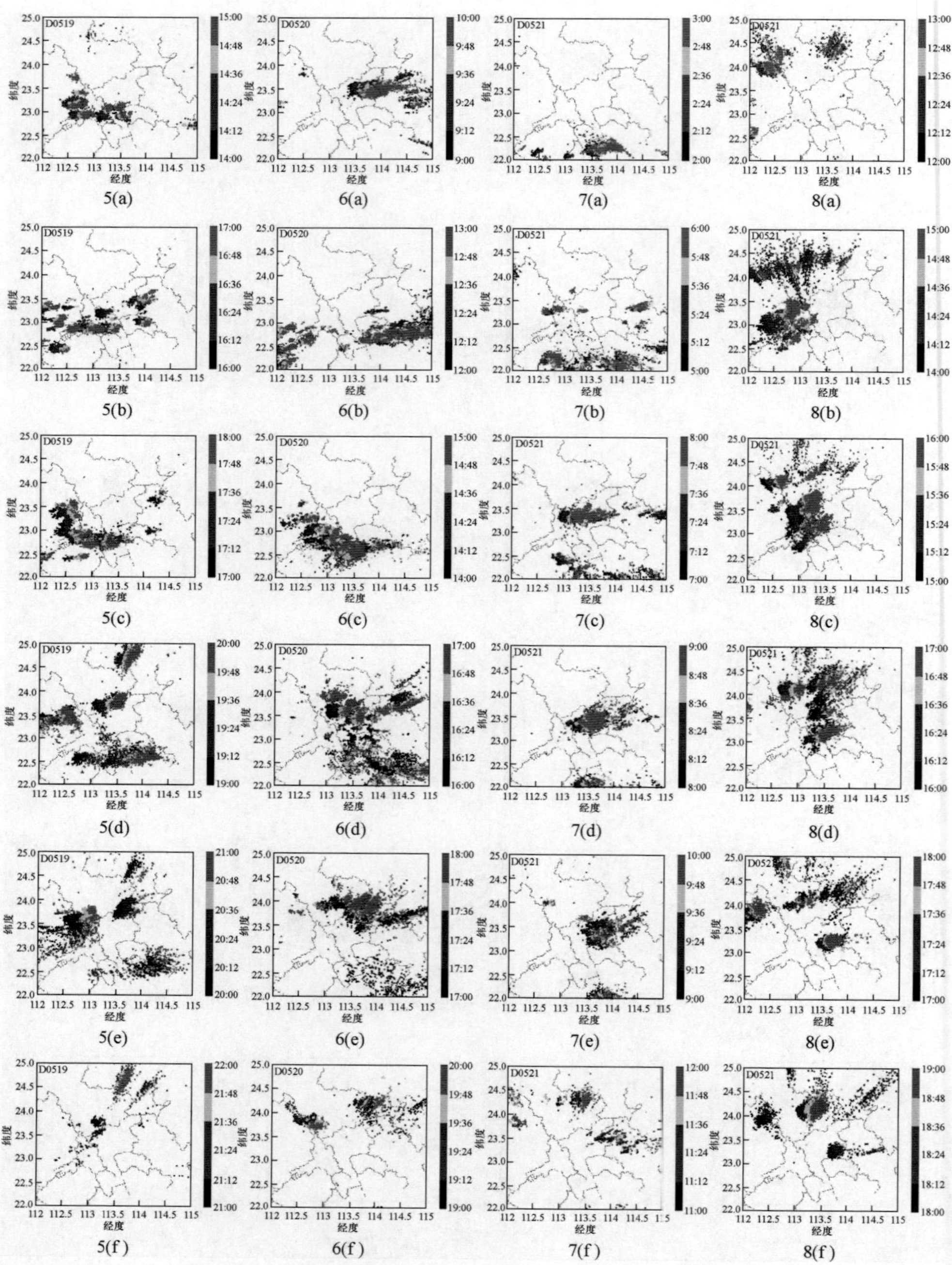

图 2-7　雷暴 D140519～D140521-2 闪电活动地域演变过程（1h12min）

点开始较为稀疏地分布在经度［112，113.5］、纬度［24，25］区域，后一边发

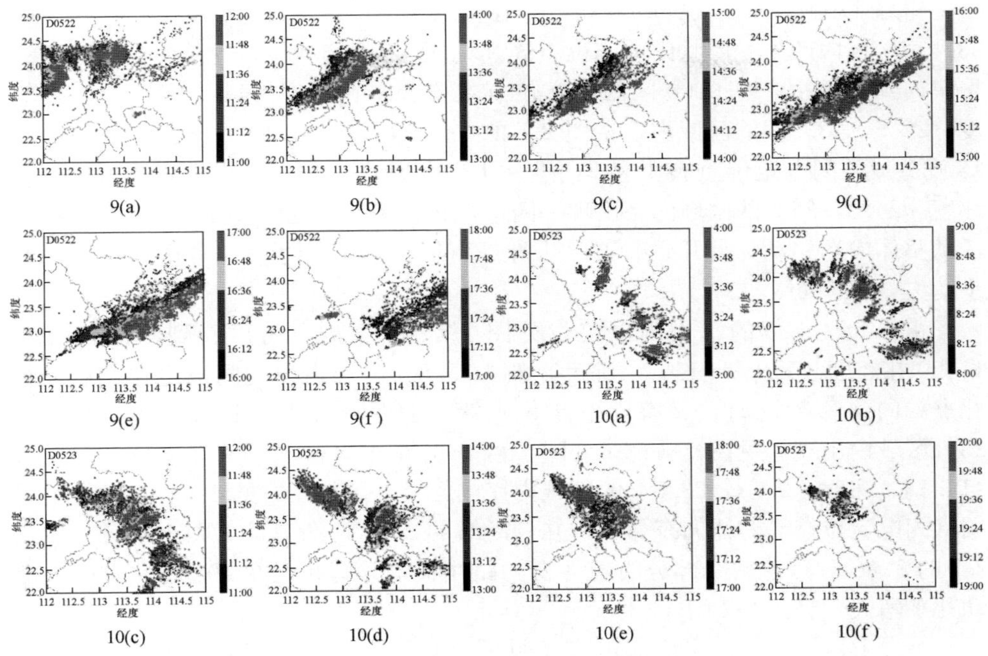

图 2-8 雷暴 D140522、D140523 闪电活动地域演变过程（1h12min）

展扩展一边向东南向移动，到了 15:00—16:00 随着数量增多开始聚集成带状，主要分布在经度［112，113.5］、纬度［23，24］的区域，见图 2-6 的 3（c）；之后进一步向东移动，并且更为聚拢，在 17:00—18:00，主要分布在经度［112.5，114］、纬度［23，24］的区域，见图 2-6 的 3（d），之后又沿着东西横向分散开来，继续向东移动，见图 2-6 的 3（e），到了 21:00 闪电活动就几乎消失在观测区域。

雷暴 D140518 在 11:00—12:00 间在经度［113，113.7］、纬度［22，23］区域内产生一闪电定位点簇，见图 2-6 的 4（a），后一边东西横向发展一边向北移动，到了 13:00—14:00 间闪电定位点主要分布在经度［112.5，114.5］、纬度［22.8，23.5］的区域内，见图 2-6 的 4（b），之后在 14:00—15:00 间分成两闪电定位点簇 1 和 2，进一步向北移动，且在经度［112，113］、纬度［23.7，24.5］的区域内又出现一闪电定位点簇 3，点簇 1 和点簇 3 聚集，点簇 2 消散，见图 2-6 的 4（c），在 16:00—17:00，点簇 1 和点簇 3 聚集成一带状形态，分布在经度［112，114］、纬度［23.7，24.5］的区域内，后随着闪电活动进一步变强，带状形态的点簇整体向东移动，见图 2-6 的 4（d），在 19:00—20:00 闪电活动开始减弱，依然横向向东移动，到了 21:00 闪电活动就几乎消失，见图 2-6 的 4（f）。

雷暴 D140519 在 14:00—15:00 在经度［112.5，113.7］、纬度［22.8，23.4］区域内产生一团状闪电定位点簇，见图 2-7 的 5（a），后横向分散，复又聚集，到了 17:00—18:00 间闪电定位点主要分布在经度［112.2，113.8］、纬度［22.5，23.5］的区域内，见图 2-7 的 5（c），之后在 19:00—20:00 沿纬度 23 度分成两闪电定位点簇 1 和 2，进一步向北移动，且在经度［113.5，114］、纬度［24.5，25］的区域内又出现一闪电定位点簇 3，见图 2-7 的 5（d），闪电活动整体向东移动，且开始减弱，见图 2-7 的 5（e），到了 21:00 闪电活动就几乎消失，见 5（f）。

雷暴 D140520 的平面闪电定位见图 2-7 的 6（a），可以看到，在 9:00—10:00 在经度［113.3，115］、纬度［23，23.8］区域内出现闪电定位点簇，在此点簇向南移动同时，又有闪电定位点簇在经度［112，112.7］、纬度［22，23］区域内出现，见图 2-7 的 6（b），两个点簇相向移动，并在经度［112.2，114.3］、纬度［22.2，23.8］的区域内完成融合，图 2-7 的见 6（c），融合后的团状闪电定位点簇整体向东移动，并且沿纬度 23 度逐渐分散为两个部分，见图 2-7 的 6（e），后这两个部分沿着各自的路线移动并消减，在 19:00 左右闪电活动几乎消失，见图 2-7 的 6（f）。

雷暴 D140521-1 的平面闪电定位见图 2-7 的 7（a），可以看到，在 2:00—3:00 间在经度［113.3，114.2］、纬度［22，22.5］区域内出现闪电定位点簇，随后此点簇横向发展，在 5:00—6:00 间点簇的覆盖区域已经扩大到了经度［112.5，114.5］、纬度［22，22.5］，并且在纬度［23，23.5］间也出现了零星的团状闪电定位点簇，见图 2-7 的 7（b），随后两部分点簇都继续向东移动，之前零星分布在纬度［23，23.5］间的闪电定位点聚集成一个较大的团状点簇，在 8:00—9:00 间主要覆盖经度［113，114］、纬度［23.2，23.7］的区域，见图 2-7 的 7（d），在 9:00—10:00 间两部分点簇都开始消散，在 11:00 左右闪电活动几乎消失，见图 2-7 的 7（f）。

雷暴 D140521-2 在 12:00—13:00 间的闪电定位点主要分布在经度［112，114］、纬度［23.7，24.7］的区域内，见图 2-7 的 8（a），注意到此时在经度［112，112.2］、纬度［22.5，22.7］的区域内有一小团状点簇，后小团状点簇边向东北方向移动边不断扩展，在 14:00—15:00 间覆盖了经度［112.2，113.3］、纬度［22.5，23.5］的区域，见图 2-7 的 8（b），此后两团点簇均向东移动，并且在 16:00—17:00 间达成融合，主要覆盖经度［112.5，114］、纬度［22.8，24.5］的区域，见图 2-7 的 8（d），闪电定位点簇在 17:00 之后整体向东北向移动，并不断消散，分成了多个团状点簇，见图 2-7 的 8（f），在 20:00 之后闪电活动几乎消失。

雷暴 D140522 的平面闪电定位图 2-8 的 9（a）中可以看到，在11:00—12:00 间在经度［112，113.5］、纬度［23.4，24.5］的区域内已出现大量闪电定位点，在 12:00—13:00 间闪电定位点簇向南有所移动，并已经初步显现出带状分布特征，在 13:00—14:00 间闪电定位点簇已呈现明显带状，并在经度［112，113.5］、纬度［23，24.3］的区域内沿北偏东约 45 度方向分布，见图 2-8 的 9（b），此后闪电定位点簇依旧以带状形态向东移动，同时沿着自身分布方向不断拉伸，在 15:00—16:00 间覆盖区域已经扩大到经度［112，115］、纬度［22.5，24］，依旧沿北偏东约 45 度方向分布，见图 2-8 的 9（d），此后依然整体向东移动，并在 18:00 左右基本消失在观测区域，见图 2-8 的 9（e）。

雷暴 D140517-2 的平面闪电定位图 2-8 的 10（a）中可以看到，闪电定位点开始较为稀疏地分布在经度［113，115］、纬度［22.2，24.5］的区域，呈现为多个小型团状点簇，在 8:00—9:0 已经可以较明显地看出闪电定位点整体沿北偏西约 45 度分布在经度［112.3，115］、纬度［22.3，24.5］的区域内，见图 5.1 的 10（b）；之后闪电活动基本上在原地发展，闪电密度变大，见图 2-8 的 10（c），在 14:00—15:00 间闪电定位点的覆盖面积缩小至经度［112.3，114.2］、纬度［23，24.5］的区域，仍沿北偏西约 45 度分布，闪电密度依旧很大，见图 2-8 的 10（d），在 17:00—18:00 间，闪电定位点进一步聚拢，分布在经度［112.3，114］、纬度［23，24.3］的区域，呈现锥状，见图 2-8 的 10（e），在 19:00 之后闪电活动几乎消失，见图 2-8 的 10（f）。

2.2.2 地域演变表征参数

雷暴发展过程复杂多变，雷暴云随水平气流发生平移，还存在雷暴不断形成、融合、分散、消亡的过程，造成雷暴云整体移动传播现象，给雷暴跟踪提出了需求，并带来了很大困难，有时易误判雷暴单体范围以及雷暴发展时间及移动速度，故需要利用全闪电数据分析，实现跟踪和分析不同的雷暴活动。

由对广州地区 8 月 19 日的地域分析中可以看到，在地域演变过程中，有与衡量时间演变过程中雷暴强度完全不同的变量。地域演变是通过网格法和八连通区域算法，将雷暴划分在 200×200 的网格内，通过设定每个网格闪电密度的阈值 minSTD，即闪电次数超过该阈值的网格被算作强放电区域，同时，设置有效面积的阈值 minVA，有效面积超过该阈值的空间—时间邻域 STN 才最终被定为一个有效 STN。在此基础上，分别对每一个雷暴活动进行地域演变过程分析，得到一系列地域分析过程中表征雷暴强度的变量。

表 2-7 中，通过计算雷暴过程中每 12min 空间时间－STN 有效面积 VA 的平均值和最大值，来表征雷暴强度大小；同样分别计算出每 12min 有效面积圆半径、移动速度和平均 STD 的最大值和平均值，来作为衡量雷暴活动强度大小的表征量。

其中，平均 STD 可反映雷暴过程中，每 12min 内雷暴区域雷暴的密集程度，其计算式为

$$平均\ STD=\frac{每\ 12\text{min}\ 闪电频次}{每\ 12\text{min}\ 雷暴有效面积}$$

表 2-7　雷暴活动地域表征量

表征量编号	特征量		符号	定义
Ⅶ	最大 *STD*		max*STD*	雷暴过程一个网格中最大闪电次数最大值
Ⅷ	有效面积	最大值	*VA*	每 12min 雷暴区域的有效面积
Ⅸ		平均值		
Ⅹ	有效面积圆半径	最大值	*VA-R*	有效面积等效为面积圆的半径
Ⅺ		平均值		
Ⅻ	移动速度	最大值	S_p	每 12min 雷暴主放电中心 C 移动的速度
XⅢ		平均值		
XⅣ	平均 *STD*	最大值	a*STD*	每 12min*STN* 区域平均每个网格中的闪电次数
XⅤ		平均值		

各地域演变表征量的计算结果如表 2-8 所示，表中可以看出，第十次雷暴在各项表征量中均处于领先地位，可见第十次雷暴强度在十次雷暴中属于较强的雷暴。第四次雷暴在时间演变分析过程中，各项表征量均处于靠后位置，在地域分析过程中发现，虽然各项的表征量的值均较小，但是其平均 *STD* 却比较大，在十次雷暴中排名处于较为靠前的地方，可见即使第四次雷暴影响范围较小，但是雷暴区域内，雷暴的强度仍然较大。通过第五次雷暴表征量来看，各表征量均处于中等大小，但平均 *STD* 和最大 *STD* 却都是最小的，可以看出，第五次雷暴影响的范围较大，但是雷暴区域实际平均的闪电频次和雷暴强度并不大，这也说明衡量雷暴大小并不能仅仅通过闪电频次、有效面积等少量指标评判，应结合多项表征量进行综合评定。

通过对十次雷暴活动时间演变过程和地域演变过程的分析，分别得到了衡量雷电活动强度的表征量共有 10 个，分别是：全闪电频次 Total-R、闪电密度 *D*、最大闪电频次 T_{max}、每 12min 平均 *STD* 的最大值和平均值、有效面积 *VA* 的最大值和平均值、移动速度 S_p 的最大值和平均值、最大 *STD*。同时，利用闪电定位系统、网格划分法和八连通区域算法，得到了十次雷暴中每一次雷暴各个表征量的大小，并进行排序。综合十个表征量的排序，将所有序号相加得到每一次雷暴大小的序号之和，将序号进行排名，序号越小的雷电活动，排名越靠前，最终得到综合的雷电活动强度大小。

表 2-11 给出了十次雷暴的综合排序，表中可以看出，排名第一的是第十次雷暴，其全闪电频次、平均 *STD* 的平均值及最大值、移动速度最大值和最大 *STD* 在十次雷暴中均最大，其他各项表征量也较大，均排名前四。第二次雷暴强度也较大，且有五项表征量均占据第一，但是全闪电频次较小，整体与第十

表 2-8 十次雷暴活动地域演变信息统计表

序号	日期	时间段	最大 *STD*	平均 *STD*		有效面积 *VA*		有效面积圆半径 *VA-R*		移动速度 S_p	
				最大值	平均值	最大值	平均值	最大值	平均值	最大值	平均值
1	140516	8:30—20:30	78	11.11	8.33	663	411.32	14.53	11	122.92	54.14
2	140517	7:00—11:00	38	9.4	6.89	506	279.58	12.69	9.03	170.66	64.15
3	140517	18:36—21:00	86	25.76	10.24	891	559.58	16.84	12.21	246.98	74.62
4	140518	17:00—21:00	54	23.82	13.34	805	297.81	16	8.66	131.24	71
5	140519	7:00—11:00	42	32.7	12.34	187	107.35	7.71	5.56	106.1	66
6	140520	15:00—18:00	49	14.07	9.23	358	192.85	10.67	7.67	99.24	47.47
7	140521	05:00—11:00	58	15.03	11.625	489	244.76	12.48	8.31	123.69	39.51
8	140521	13:36—19:00	73	15.51	13.38	718	329.62	15.11	9.7	132.85	51
9	140522	12:00—17:00	56	30	12	591	362.5	13.72	10.27	205.97	69.26
10	140523	13:00—18:00	91	35.68	15.17	824	362	16.195	10.16	379.11	69.32

次雷暴相比，雷暴持续时间较短，因此雷暴强度略小于第十次。雷暴强度最小的是第六次雷暴，虽然第六次雷暴只有平均 *STD* 的平均值排名最后，但其他各项均排名靠后，与第五次雷暴相比，虽然第五次雷暴有六项表征量排名最后，但其移动速度较快，因此总积分略小于第六次雷暴。

从表中参数和排名可知，雷暴活动强度的大小与多个因素相关，综合考虑全闪电总频次、雷暴持续时长、局部地区的雷暴强度、雷暴的移动速度等变量，才能更为准确、全面地衡量闪电活动强度的大小。

图中雷暴走向来看，广州雷暴大多为过境雷暴，雷暴基本上来自广州西边，向东边移动，第 1、2、3、4、5、7 次雷暴均是由西向东移动，第 8 次雷暴是从广州西南方向往东北方向移动，第 9、10 次雷暴是由广州西北方向往南移动，雷暴的走向可能与广东南部沿海以及河流区域走向有关。

下面将平均 *STD*、有效面积 *VA*、雷暴移动速度 S_p 三者的最大值分别进行排序，得到表 2-9，将其平均值进行排序得到表 2-10。表中可以看出，通过不同的表征量来衡量雷电活动的强度，所得出的结果也布相同。

表 2-9　　　　地域演变各表征量最大值排序

雷暴序号	平均 *STD*	排序	有效面积 *VA*	排序	移动速度 S_p	排序	最大 *STD*	排序
1	11.11	9	663	5	122.92	8	78	3
2	25.76	4	891	1	246.98	2	86	2
3	23.82	5	805	3	131.24	6	54	7
4	32.7	2	187	10	106.1	9	22	10
5	9.4	10	506	7	170.66	4	38	9
6	14.07	8	358	9	99.24	10	49	8
7	15.03	7	489	8	123.69	7	58	5
8	15.51	6	718	4	132.85	5	73	4
9	30	3	591	6	205.97	3	56	6
10	35.68	1	824	2	379.11	1	91	1

表 2-10　　　　地域演变各表征量平均值排序

雷暴序号	平均 *STD*	排序	有效面积 *VA*	排序	移动速度 S_p	排序
1	8.33	9	411.32	2	54.14	7
2	10.24	7	559.58	1	74.63	1

续表

雷暴序号	平均 STD	排序	有效面积 VA	排序	移动速度 S_p	排序
3	13.34	3	297.81	6	71	2
4	12.34	4	107.35	10	66	5
5	6.89	10	279.58	7	64.15	6
6	9.23	8	192.85	9	47.47	9
7	11.62	6	244.76	8	39.51	10
8	13.38	2	329.62	5	51	8
9	12	5	362.5	3	69.26	4
10	15.17	1	362	4	69.32	3

2.3 雷暴雷电活动强度比较

通过对十次雷暴活动时间演变过程和地域演变过程的分析，分别得到了10个衡量雷电活动强度的表征量，分别是：全闪电频次Total-R、闪电密度D、最大闪电频次T_{max}、每12min平均STD的最大值和平均值、有效面积VA的最大值和平均值、移动速度S_p的最大值和平均值、最大STD。同时，利用闪电定位系统、网格划分法和八连通区域算法，得到了十次雷暴中每一次雷暴各个表征量的大小，并进行排序。综合十个表征量的排序，将所有序号相加得到每一次雷暴大小的序号之和，将序号进行排名，序号越小的雷电活动，排名越靠前，最终得到综合的雷电活动强度大小。

表2-11给出了十次雷暴的综合排序，表中可以看出，排名第一的是第十次雷暴，其全闪电频次、平均STD的平均值及最大值、移动速度最大值和最大STD在十次雷暴中均最大，其他各项表征量也较大，均排名前四。第二次雷暴强度也较大，且有五项表征量均占据第一，但是全闪电频次较小，整体与第十次雷暴相比，雷暴持续时间较短，因此雷暴强度略小于第十次。雷暴强度最小的是第六次雷暴，虽然第六次雷暴只有平均STD的平均值排名最后，但其他各项均排名靠后，与第五次雷暴相比，虽然第五次雷暴有六项表征量排名最后，但其移动速度较快，因此总积分略小于第六次雷暴。

从表2-11中的参数和排名可知，雷暴活动强度的大小与多个因素相关，综合考虑全闪电总频次、雷暴持续时长、局部地区的雷暴强度、雷暴的移动速度等变量，才能更为准确、全面地衡量闪电活动强度的大小。

表 2-11　十次雷电活动强度排序

雷暴序号	Total-R	闪电密度	闪电最大次数 T_{max}	平均值			最大值				总积分	排名
				平均 *STD*	有效面积	移动速度	平均 *STD*	有效面积	移动速度	最大 *STD*		
1	4	6	3	9	2	7	9	5	8	3	56	6
2	5	1	1	7	1	1	4	1	2	2	25	2
3	7	5	5	3	6	2	5	3	6	7	49	5
4	10	10	10	4	10	5	2	10	9	10	80	9
5	8	9	8	10	7	6	10	7	4	9	78	8
6	9	8	9	8	9	9	8	9	10	8	87	10
7	6	7	7	6	8	10	7	8	7	5	71	7
8	3	4	4	2	5	8	6	4	5	4	45	4
9	2	3	6	5	3	4	3	6	3	6	41	3
10	1	2	2	1	4	3	1	2	1	1	18	1

3 基于卡尔曼滤波器的雷电预警方法

编者基于全闪电系统的闪电定位资料，提出了一套对广州地区雷电活动的预警方法。该方法首先基于栅格闪电密度算法，选择合适的栅格大小，通过对研究区域横向和纵向的栅格化，来识别雷电集中区域；其次利用 K-Means 聚类算法，计算雷电聚集区的雷电中心和雷电影响面积；最后通过卡尔曼滤波法，对雷电活动的走向进行预测。通过以上方法对广州雷电活动的路线和走向进行预测，取得了十分理想的效果。

3.1 基于栅格闪电密度算法的雷电集中区识别方法

由于雷电活动具有连续性的特征，闪电定位资料的分布也具有簇状分布的特点，因而可以对闪电定位资料进行栅格化，即将地面以合理设定的长度、宽度进行网格化，读取闪电定位数据中的位置信息，分别记录每个栅格中监测到的闪电数量、类型，按照合适的阈值进行标注，这样可以将零散的、量化的、抽象的大数据转换为直观的图表形式，不仅方便观察其具体的空间位置布局、雷电分布密度，更可以通过对不同时间段的全闪电定位数据进行抽取，从而宏观上判断雷云的总体走向。

将栅格化的闪电定位数据按照设定的阈值进行区分，将闪电密度超过一个给定的阈值的栅格挑选出来，进行特别标注。按照以下原则划分集中区：

（1）横向分段。对所有符合阈值要求的栅格，如果在栅格图的 X 方向上存在连续栅格，则划为同一段。

（2）纵向分区。对所有挑选出来的段，如果在栅格图的 Y 方向上是直接相连的，则划分为同一片雷电集中区。其中，独立的标注栅格并不算作一个独立的雷电集中区，因为其闪电数据太少，不满足实际情况的要求。

图 3-1 所示假设为网格化后的闪电定位资料。闪电集中区的识别可以分为以下两步：

（1）从栅格图的右上角开始按行搜索，将每一行存在的符合要求的连续栅格划为一段，并将段按顺序标注，图 3-1 中共有 1～14 共 14 个段。

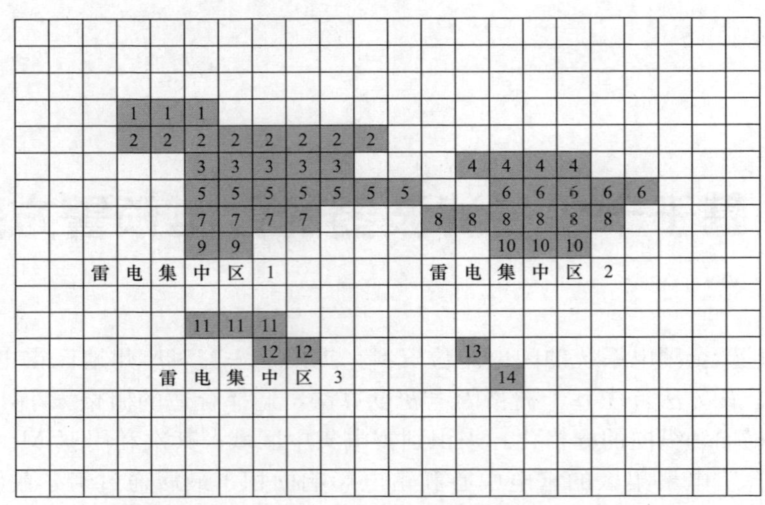

图 3-1　网格化的全闪电定位资料

（2）从栅格图的右上角开始按列搜索，将所有在 Y 方向有直接相连的段划分为同一片雷电集中区，并对雷电集中区进行标注。图 3-1 中共划分出 3 个雷电集中区，段 1、2、3、5、7、9 在 Y 方向有直接相连的部分，划分为雷电集中区 1；段 4、6、8、10 在 Y 方向有直接相连的部分，划分为雷电集中区 2；段 11、12 在 Y 方向有直接相连部分，划分为雷电集中区 3；相比之下，段 5 和段 8 只有对角相接触，不能算作同一片雷电集中区；段 13 和段 14 只有对角相接触且各自在 X 方向上没有足够多的栅格相连，均不能算作独立的雷电集中区。

在研究过程中发现，合理的栅格大小的选择对于正确地划分雷电集中区至关重要，栅格选择过大会导致将不同的风暴产生的雷电划分到同一片雷电集中区，使得不同雷暴云的区分度不够，因而无法运用于雷云影响范围的圈定和雷暴中心的确定；栅格选择过小则会导致将同一风暴产生的雷电划分到不同的雷电集中区，使得雷云集中区过于散乱和无序，对于接下类雷暴移动路线的预测产生很大的干扰。通过对 2014 年广州地区 5—8 月的闪电定位数据进行分析，发现对于不同等级的雷暴活动以及雷暴活动的不同阶段，合适的栅格大小是有区别的，但是总体来说 10km×10km 的栅格选择是最常用的标准，对大部分的雷暴活动的区分都有不错的效果。

图 3-2～图 3-4 是对 2014 年 5 月 17 日下午 15:00—15:06 时间段内广州地区闪电定位系统所收集的闪电定位数据进行雷电集中区分类的试验。图 3-2 所示为 15:00—15:06 这 6min 内所有观测到的闪电数据的打点示意图，图 3-3 和图 3-4 分别为用 10km×10km 的栅格和 5km×5km 的栅格对雷电集中区进行区分的结果，很明显可以发现在本次雷暴活动的这个时段，用 10km×10km 的栅格已经

不足以区分不同的雷云，这是因为 5 月 17 日发生的雷暴活动十分剧烈，风暴等级较高，雷电活动频繁，而 15 点又正好是雷暴已经开始发展扩大的阶段，因而需要用 5km×5km 的栅格才能很好地进行雷云的识别区分。而通过正确地选择合适的栅格大小以及经过对过于分散的闪电数据的过滤，所达到的对雷电集中区的区分效果已经十分明显，图 3-4 中共有 6 处雷电集中区，分别以序号（1）～（6）进行了标注，方便进行下一步算法——雷电聚类中心的确定。

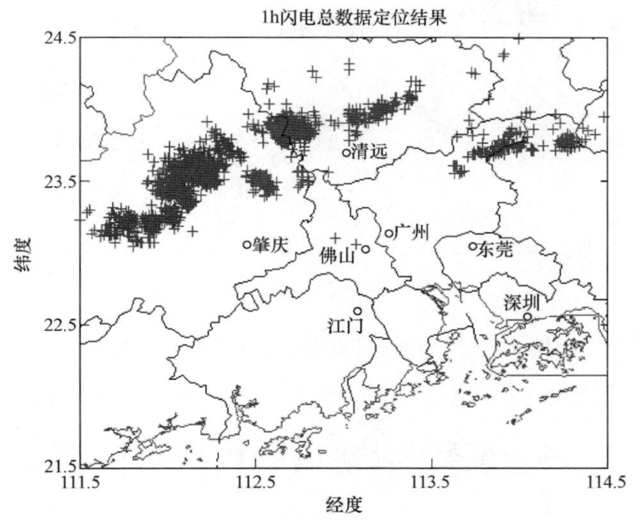

图 3-2　2014 年 5 月 17 日 15:00—15:06 全闪电定位数据图

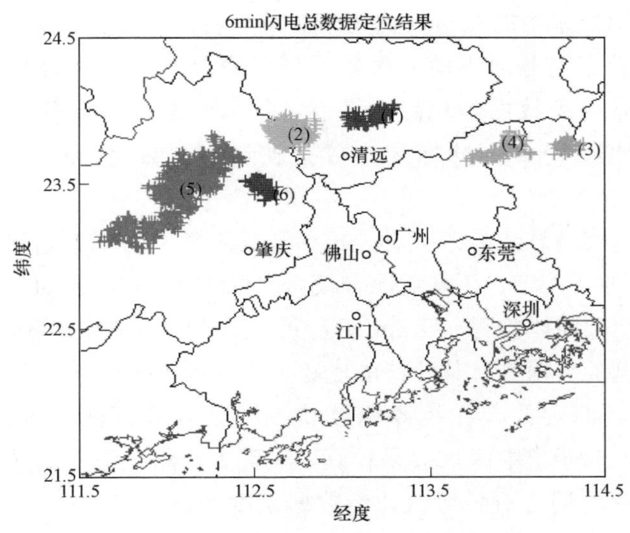

图 3-3　5km×5km 栅格雷电集中区划分图

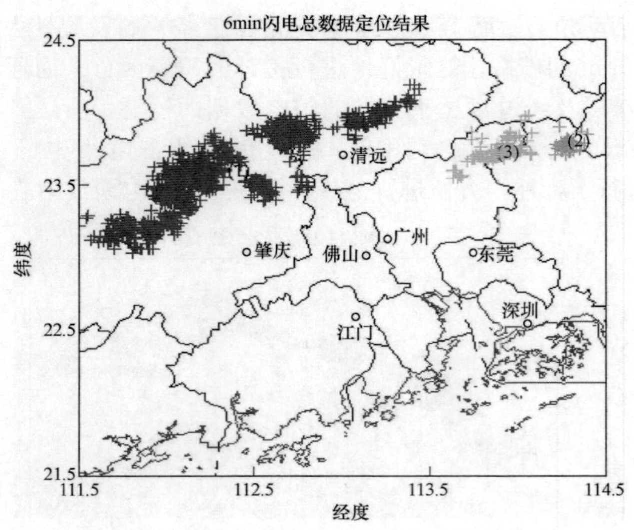

图 3-4　10km×10km 栅格雷电集中区划分图

3.2　基于聚类算法雷电集中区中心识别方法

3.2.1　K-Means(K 均值）聚类算法的基本原理

聚类是数学挖掘中的概念，就是按照某种特定的要求或标准地（如距离）将一组分散的数据划分成不同的聚落或簇，使得同一聚落内的数据的相似性最大，不同聚落内的数据的相似性最小，简单而言就是将符合同一标准的数据放到同一数组，符合不同标准的数据放到不同数组，对数据进行按要求分类。

目前常见的聚类算法有六大种，K-means 聚类、均值漂移聚类、基于密度的聚类方法（DBSCAN）、用高斯混合模型（GMM）的最大期望（EM）聚类、凝聚层次聚类、图团体检测（Graph Community Detection）。不同的聚类方法对于处理不同类型的数据各有其独特的优势，比如 K-means 聚类算法对于球形簇的聚类最适用，原理简单、运算速度快、区分效果好；基于密度的聚类算法（DBSCAN）对于集中区域效果较好，这类方法将簇看作是数据空间中被低密度区域分割开的稠密对象区域，将数据密度到达一定程度的区域划分为簇，甚至可以在存在分布噪声的空间数据中识别出任意形状的簇；凝聚层次聚类算法的可解释性好，而且能够解决 K 均值法不能解决的对非球形簇的分类。

K-means 聚类算法基本上可以分为以下几个步骤：

（1）选取合适的 K 值，即用户所期望的簇的个数，然后随机选取 K 个初始质心，每个质心代表某一个簇的假想中心，用于下一步的运算。由此可知，K-means 聚类算法需要我们提前确定簇的个数，比较适用于区分明显的数据；

（2）分别计算每个样本到 K 个初始质心的距离，如果该样本距离某个质心的距离最小，则将该样本划分到这个质心所代表的簇，如果该样本距某几个质心的距离相同，则将该样本随机分到其中的某个质心所在的簇中，依次完成对所有样本的划分；

（3）对已经划分好的簇，分别计算其各自的均值，最简单的方法是计算其各维度的平均值，作为新的质心，这样就得到 K 各新的质心；

（4）重复（2）（3）步的运算，直至满足结束算法的条件；

（5）算法结束的条件一般有两种，其一是运算所得的新的质心与上一步运算得到的质心的差距小于误差允许值，运算结束；其二是运算的迭代次数达到设定的上限，则运算结束。

3.2.2 K-means 聚类算法在雷电中心点确定中的应用

本书对于雷电集中区闪电中心的确定采用的便是 K-means 聚类算法的基本思想，但并非完全采用 K-means 聚类算法的原理，其主要原因是，通过对广州地区 2014 年的闪电定位数据进行分析、试验，发现单纯地利用 K-means 聚类算法对闪电中心点的确定并不完全适用，问题根源于 K-means 聚类算法本身所固有的弊端，其对非球形簇的区分并不具有优势，本质算法上存在问题，而闪电数据虽然具有簇状分布的特点，它所分布的簇的形状却有着很大的变化，比如旋涡形风暴的闪电定位数据天然成球形簇状分布，而冷暖锋相遇形成风暴的闪电定位数据则成带状分布，对于这种闪电定位数据单纯地用 K-means 聚类算法进行分类效果就比较差。

但是 K 均值聚类算法能够很方便确定已知数据聚落的中心点，且运算速度快、原理简单、容易实现，因而本书采用在用栅格闪电密度法完成对闪电集中区的划分之后，再用 K-means 聚类算法分别计算每个闪电集中区的雷电中心点的方案。经验证，该方案快速有效，几乎适用于所有的雷电聚落。图 3-3 中将 2014 年 5 月 17 日 15:00—15:06 时间段内全闪电定位数据根据 5km×5km 栅格所划分为不同的雷电集中区，图 3-5 所示为对该雷电集中区运用 K-means 聚类算法的进行中心点定位的结果，试验证明，K-means 聚类算法对于已知数据的中心点的定位效果十分理想，不仅可以应用于（1）（2）（3）（4）（6）几处形状比较规则的雷云中心点的确定，对于（5）处面积较大、成片状分布的雷云的中心点确定效果也很理想。

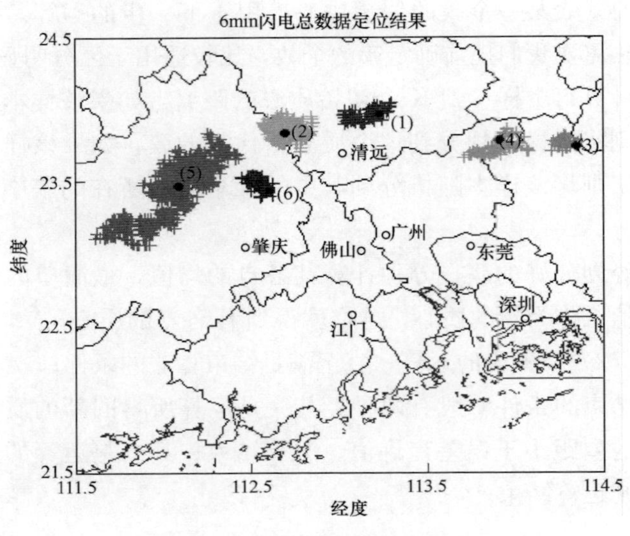

图 3-5　雷云聚落中心点定位图

3.3　雷暴活动移动路线和走向的预测

3.3.1　卡尔曼滤波的基本概念

卡尔曼滤波器已超过 50 年历史但仍然是当今使用的最重要和最常见的数据融合算法之一。以 Rudolf Kalman 命名，卡尔曼滤波器的巨大成功归功于其小型的计算需求、优雅的递归性质及其作为具有高斯误差统计量的一维线性系统的最优估计量的状态。最著名的卡尔曼滤波器的早期使用是在阿波罗导航计算机上将尼尔阿姆斯特朗带到了月球上，并且（最重要的是）把他带回来了。今天，卡尔曼滤波器正在每个卫星导航设备，每部智能手机和许多计算机游戏中工作。

卡尔曼滤波[20]是一种利用线性系统状态方程，通过系统输入输出观测数据，对系统状态进行最优估计的算法。从理论的角度来看，卡尔曼滤波器是一种允许在线性动力学系统中进行精确推理的算法，它是一种类似于隐马尔可夫模型的贝叶斯模型，但其中潜变量的状态空间为连续的，并且所有潜在变量和观测变量都具有高斯分布（通常是多变量高斯分布）。

卡尔曼滤波问题的实质是利用观测数据向量［如 $y(1)$，…，$y(n-1)$］对 $n\geqslant 1$ 求状态向量 $x(i)$ 各个分量的最小二乘估计，主要分为三大部分：

（1）滤波，利用 γ 时刻以前时刻的测量数据，抽取 γ 时刻的数据；

（2）平滑，在时间点 γ 前后抽取某些时刻的数据（估计数据），相当于把离散的时间点连续化；

（3）预测，使用 γ 时刻及以前时刻的数据，提前抽取 $n+\tau$ 时刻的数据。

Kalman 滤波算法的总结如下：

（1）初始条件。

$$\hat{x}(1)=E\{x(1)\}\text{（均值向量）}$$

$$K(1,\ 0)=E\{[x(1)-\overline{x}(1)][x(1)-\overline{x}(1)]^{H}\}\text{，其中 }\overline{x}(1)=E\{x(1)\}$$

（2）输入观测向量过程。

$$\text{观测向量序列}=\{y(1),\ \cdots,\ y(n)\}$$

（3）已知参数：

1）状态转移矩阵 $F(n+1,\ n)$

2）观测矩阵 $C(n)$

3）过程噪声向量的相关矩阵 $Q_1(n)$

4）观测噪声向量的相关矩阵 $Q_2(n)$

（4）计算。$n=1,\ 2,\ 3,\ \cdots$

$$G(n)=F(n+x,n)K(n,n-1)C^{H}(n)[C(n)K(n,n-1)C^{H}(n)+Q_2(n)]^{-1} \tag{3.1}$$

$$\alpha(n)=y(n)-C(n)\hat{x}_1(n) \tag{3.2}$$

$$\hat{x}_1(n+1)=F(n+1,n)\hat{x}_1(n)+G(n)\alpha(n) \tag{3.3}$$

$$P(n)=K(n,n-1)-F^{-1}(n+1,n)G(n)C(n)K(n,n-1) \tag{3.4}$$

$$K(n+1,n)=F(n+1,n)P(n)F^{H}(n+1,n)+Q_1(n) \tag{3.5}$$

3.3.2 卡尔曼滤波算法在雷云走向预测中的应用

本方案采用的是 Kalman 滤波在速度、路线预测方面的基本原理，数学原理实现如下：

（1）状态预测公式。

$$\hat{X}_t^-=F_t\cdot\hat{X}_{t-1}^-+B_t\cdot U_t \tag{3.6}$$

其中 $X_t=\begin{bmatrix}P_t\\V_t\end{bmatrix}$，$P_t$ 表示位置信息，V_t 表示运动速度，$F_t=\begin{bmatrix}1&\Delta t\\0&1\end{bmatrix}$ 状态转移矩阵，$B_t=\begin{bmatrix}\Delta t^2/2\\\Delta t\end{bmatrix}$ 控制矩阵，U_t 表示加速度。

（2）协方差矩阵的传递方程

$$P_t^-=FP_{t-1}F+Q \tag{3.7}$$

其中，P_t表示观测值的协方差矩阵，Q 表示观测矩阵协方差的噪声。

观测方程

$$Z_t = H \cdot X_t + V \tag{3.8}$$

其中，H 为观测矩阵，表示 Z_t与 X_t的线性关系，V 为观测值的噪声。

（3）K_t值得计算

$$K_t = P_t^- H^T \ (HP_t^- H^T + R)^{-1} \tag{3.9}$$

其中，R 为观测矩阵噪声 V 的协方差矩阵。

（4）观测值与预测值的可信度比较

$$\hat{X}_t = \hat{X}_t^- + K_t(Z_t - H \cdot \hat{X}_t^-) \tag{3.10}$$

（5）P_t 值的求取，用于下一步迭代

$$P_t = (I - K_t H) P_t^- \tag{3.11}$$

图 3-6 所示为运用 Kalman 滤波算法对 2014 年 5 月 17 日发生的雷暴活动中的四处雷云，以 1h 的全闪电定位数据为基础进行雷云走向预测的结果，图 3-6（a1）为典型独立小型雷云移动路线及方向预测，图 3-6（a2）为预测结果与实际对比图；图 3-6（b1）为典型独立大型雷云移动路线及方向预测，图 3-6（b2）为预测结果与实际对比图；图 3-6（c1）为由大型雷云分裂产生的小型雷云移动路线及方向预测，图 3-6（c2）为预测结果与实际对比图；图 3-6（d1）为近距离处存在相互影响的大型雷云移动路线及方向预测，图 3-6（d2）为预测结果与实际对比图。

本次选取的四处雷云的移动路线均比较有规律，试验证明对不同类型、不同大小和形状的雷云，运用 Kalman 滤波算法进行其路线和走向的预测，均取得了十分理想的效果。

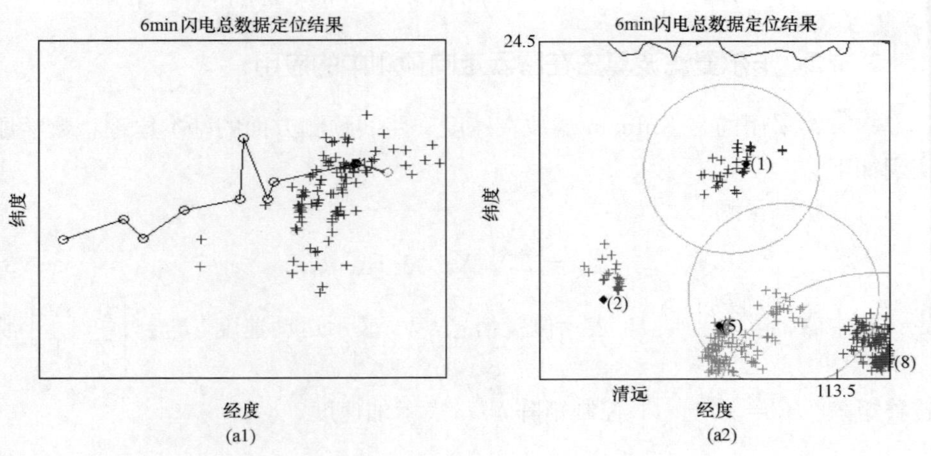

图 3-6　Kalman 滤波原理在雷云走向预测中的应用（一）

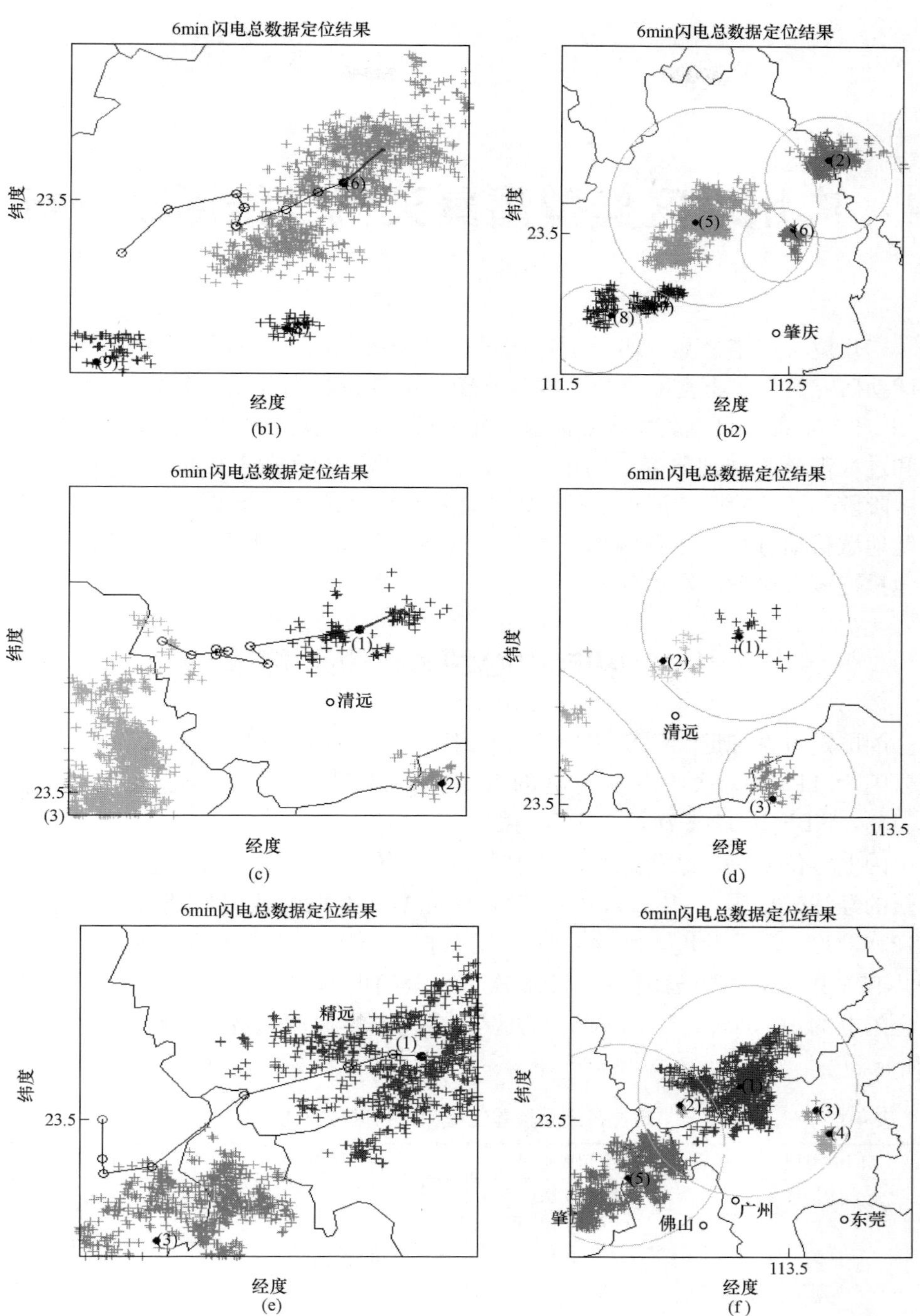

图 3-6　Kalman 滤波原理在雷云走向预测中的应用（二）

4 广州地区典型雷暴天气三维活动分析

广州位于广东中部，四季雨量充足，夏季更是闪电活动的频发季节，为雷电活动研究提供了丰富的资料。本章基于闪电定位数据和雷达资料对 2014 年 8 月 19 日广东省广州市夏季典型雷暴过程进行分析，包括对整个过程中的本地雷暴和过境雷暴的分别研究。闪电定位数据能有效地记录整个雷暴的初始阶段、发展阶段、活跃阶段和消亡阶段；雷达资料能很好地反应每 6min 闪电的分布特征及地域移动过程。结合两种资料，通过不同的雷电活动强度表征量，来参数化地描述该次典型雷暴的各个特征。

4.1 闪电定位数据的分析及筛选

闪电定位系统记录到 8 月 19 日 10:31—17:30 7h 闪电数据共 146 163 条，其中云闪为 117 447 次，占全闪电的 80.4%；地闪为 27 511 次，占全闪电的 18.8%，NBE 为 1205 次，占全闪电的 0.8%。

闪电定位系统子站覆盖面积达 1000km^2，统计的数据范围远超过广州地区，广州的经纬坐标为（113.27，23.12），因此本文选取的数据的地域范围为经度[112.5，114.5]，纬度［22.4，24］，对数据进行筛选分析之后得到：全闪电数据共 97 249 条，其中云闪为 86 508 次，占全闪电的 88.96%；地闪为 9760 次，占全闪电的 10.04%，NBE 为 981 次，占全闪电的 1.0%。筛选前后对比如表 4-1 所示。

表 4-1　　定位系统全覆盖区域和广州区域对比

闪电类型	系统全覆盖区域	广州区域	变化率
全闪电	146 163 次	97 249 次	
云闪	117 447 次	86 508 次	
地闪	27 511 次	9760 次	
NBE	1205 次	981 次	
IC-R	80.4%	88.96%	+8.56%
CG-R	18.8%	10.04%	—8.76%
NBE-R	0.8%	1.0%	+0.2%

由表 4-1 可知，与定位系统全覆盖区域的全闪电特征相比，精准定位到广州区域的一次雷暴事件时，云闪比例明显增加，增加比例为 8.56%，而地闪比例则显著下降，下降比例为 8.76%，NBE 事件比例也略有上升，为 0.2%。

4.2 闪电频次分析

4.2.1 全闪电频次分析

将广州地区闪电数据进行分段统计，每 6min 统计一次全闪电、云闪、地闪以及 NBE 事件的频次，取出部分数据如表 4-2 所示，整个雷暴过程如图 4-1 所示。

表 4-2　广州地区部分时间段典型雷暴闪电频次表

时刻	IC	CG	NBE	Total	IC/Total
10:30	1	0	0	1	1.000
11:00	19	0	0	19	1.000
11:30	125	14	0	139	0.899
12:00	608	103	1	712	0.854
12:30	640	61	0	701	0.913
13:00	2549	285	64	2898	0.880
13:30	2930	266	53	3249	0.902
14:00	2761	407	68	3236	0.853
14:30	2165	331	51	2547	0.850
15:00	2496	194	15	2705	0.923
15:30	2005	257	18	2280	0.879
16:00	1179	105	1	1285	0.918
16:30	542	43	2	587	0.923
17:00	322	38	1	361	0.892
17:30	12	0	0	12	1.000

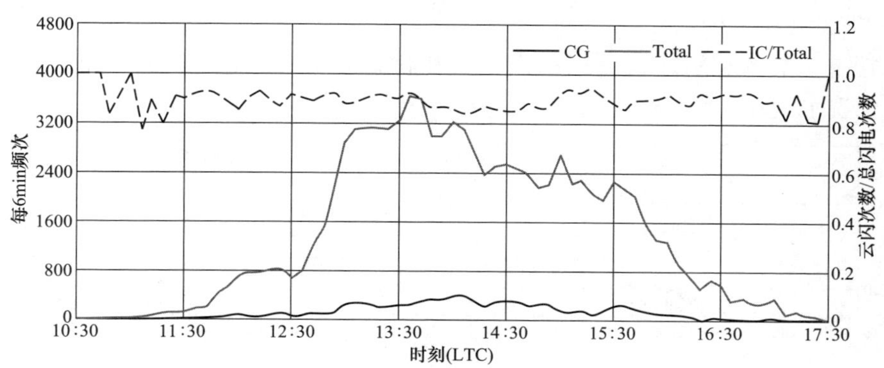

图 4-1　广州地区典型雷暴闪电频次图

4-1图和表4-2展现了2014年8月19日10:30—17:30时间段内全闪电、地闪的闪电频次和云闪占全闪电比例随时间的分布情况。可知雷暴的高发期集中在13:00—16:00，持续时间为3h左右。雷暴最强烈的点在13:36分，全闪电频次为3642次，云闪频次为3353次，地闪频次为264次，NBE频次为25次，云闪占比为92.1%，略高于整个雷暴过程中云闪占比88.96%，NBE占比为0.68%，略低于整个雷暴过程中NBE闪占比1%。云闪频次最高的时间段同样为13:36，频次为3353次；地闪频次最高的时间段为14:06，频次为402次；NBE频次最高的时间段为14:00，频次为68次。三者对比可知，云闪最大值的时间段先于与地闪和NBE最大值出现的时间段，而地闪和NBE最大值出现的时间基本相同。

同时可以看出，整个雷暴过程中，云闪占比一直在［0.85，0.93］区间变化，仅在雷暴初始阶段和雷暴消亡阶段高于0.93。

4.2.2 全闪电正负极性分析

将广州地区数据进一步细化分析，首先从全闪电、云闪、地闪及NBE闪电频次分布情况进行统计。图4-2～图4-5给出了此时间段内，全闪电、云闪、地闪及NBE频次随时间的分布情况。可以看出，正、负极性全闪电频次随时间变化的总体趋势相似，正极性全闪电频次在整个雷暴过程中均大于负极性全闪电频次，此外，负极性全闪电变化相对平缓，在13:36左右达到最大值后开始缓慢下降；正、负极性云闪与全闪电的趋势相似，只是正、负极性云闪频次差与全闪点相比差值比略大，与全闪电特征相同，正极性云闪频次在整个雷暴过程中均大于负极性云闪；地闪分布与全闪、云闪分布情况不同，负极性地闪频次在雷暴中期分布较高，且总体远高于正极性地闪，且在14:00时负地闪频次达到最大；正、负极性NBE频次总体较少，在中前期检测到大量的负极性NBE，中期和中后期检测到较多的正极性NBE，在雷暴消亡阶段，NBE频次急剧减少。

接着，对各时间段云地闪频次及其比例进行分析，以30min为时间划分，分布情况如表4-3所示。

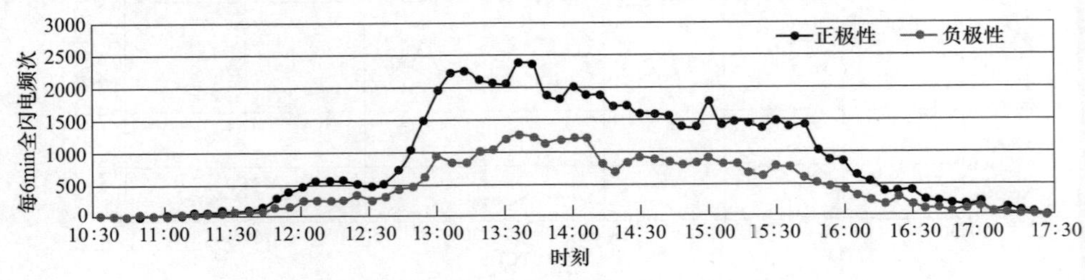

图4-2　正负极性全闪电频次随时间变化图

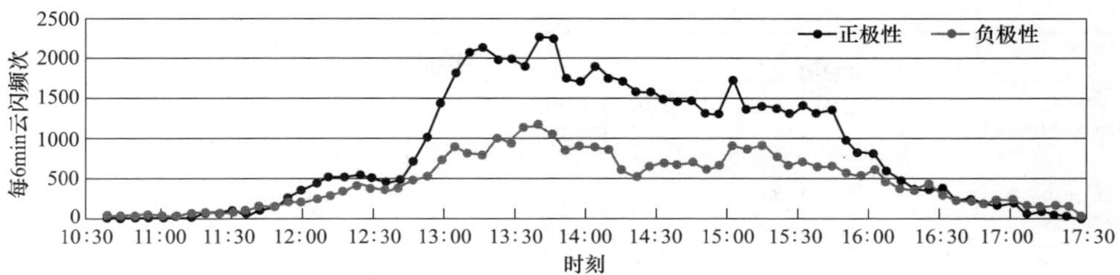

图 4-3 正负极性云闪频次随时间变化图

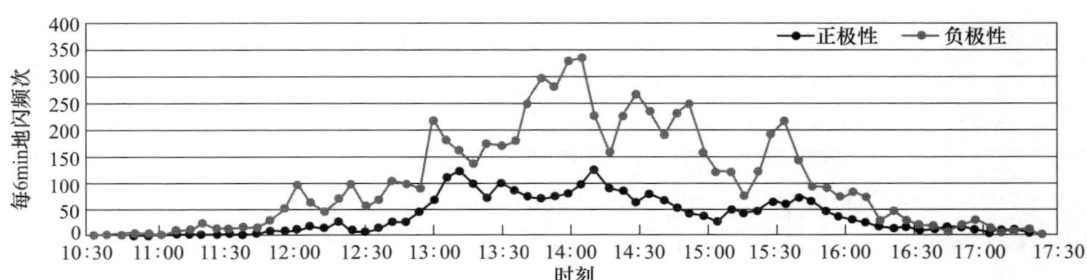

图 4-4 正负极性地闪频次随时间变化图

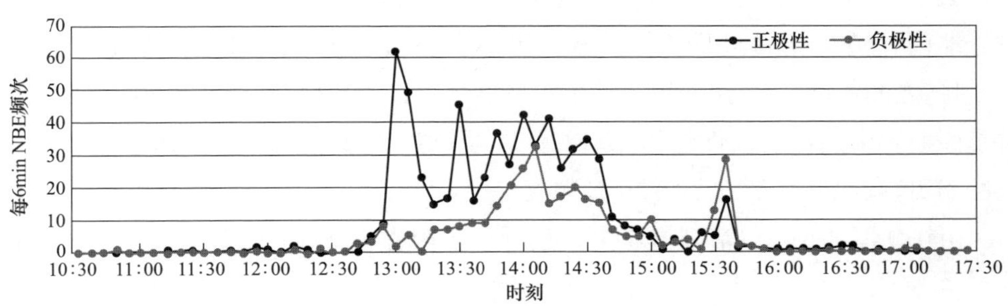

图 4-5 正负极性 NBE 频次随时间变化图

表 4-3 **每半小时云地闪频次及其比例**

时间	云闪			地闪			NBE		
	正云闪	负云闪	比例	正地闪	负地闪	比例	正 NBE	负 NBE	比例
10:30—11:00	22	38	0.58	0	6	0.000	0	1	0.00
11:00—11:30	260	99	2.63	2	53	0.038	2	0	
11:30—12:00	965	402	2.40	19	115	0.165	3	0	
12:00—12:30	2556	971	2.63	68	363	0.187	4	2	2.00
12:30—13:00	4114	1590	2.59	101	415	0.243	14	14	1.00
13:00—13:30	10 061	3754	2.68	465	877	0.530	166	22	7.55
13:30—14:00	9947	4753	2.09	394	1175	0.335	148	61	2.43

续表

时间	云闪			地闪			NBE		
	正云闪	负云闪	比例	正地闪	负地闪	比例	正 NBE	负 NBE	比例
14:00—14:30	8563	3329	2.57	467	1279	0.365	174	111	1.57
14:30—15:00	7092	3081	2.30	300	1175	0.255	90	48	1.88
15:00—15:30	7245	3235	2.24	199	595	0.334	16	20	0.80
15:30—16:00	5929	2337	2.54	302	731	0.413	25	47	0.53
16:00—16:30	2601	1151	2.26	112	299	0.375	5	1	5.00
16:30—17:00	1182	531	2.23	64	85	0.753	5	0	
17:00—17:30	464	224	2.07	38	61	0.623	0	2	0.00
总计	61 001	25 495	2.39	2531	7229	0.35	652	329	1.98

由表 4-3 可知整个雷暴过程，正、负极性云闪频次分别为 61 001 次和25 495 次，正、负极性地闪频次分别为 2531 次和 7229 次，正、负极性 NBE 频次分别为 652 次和 329 次。对于云闪，除去第一个半小时的初始阶段，正、负云闪的比例均大于 2，比例最高为 2.68，整个雷暴过程正、负云闪的平均比例为 2.39；对于地闪，整个雷暴过程中，负地闪频次均大于正地闪，正、负地闪比例在［0，1］之间波动；对于 NBE，整个雷暴过程中正、负极性 NBE 比例较为杂乱，雷暴前期和中期，正极性 NBE 频次大于负极性 NBE 频次，在雷暴中后期，正极性 NBE 频次略小于负极性 NBE 频次。

由饼状图 4-6 可以清晰地看出，正、负云闪占比分别为 62.73%、26.22%，正、负地闪占比分别为 2.6%、7.43%，正、负 NBE 占比分别为 0.67%、0.34%，云地闪比例为 8.8，高于通常全闪电的分配比例。由此可见，不同地区不同对流系统之间的闪电活动特点不尽相同。

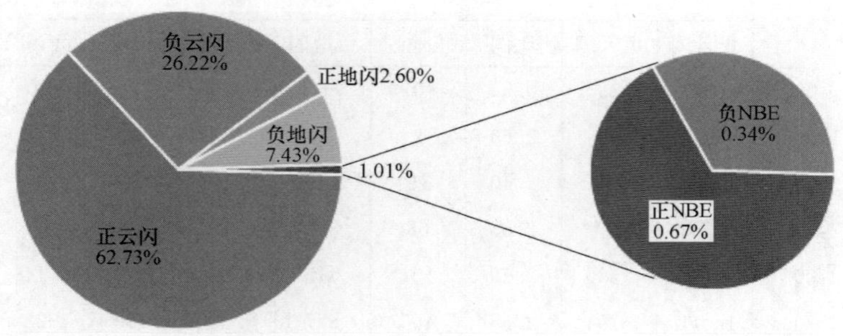

图 4-6　T20140819 各类闪电所占比例

4.2.3　闪电高度分析

对2014年8月19日10:30—17:30广州地区闪电高度进行统计，分别对正、负云闪高度和正、负NBE高度进行统计。

云闪高度分布如图4-7所示，图中可以看出，几乎所有云闪都在20km以下正极性云闪数量比负极性云闪数量大得多，与上一节中提到正负极性云闪比例约为2.39情况相符合。正极性云闪集中在5～15km，在11km处频次最大；负极性云闪集中在5～10km处，在8km处频次达到最大。进一步观察可知，在7km高度以上，正云闪频次明显高于负云闪，同时正极性云闪整体分布高度也要大于负极性云闪，这也印证了雷暴的正偶极子电荷结构。

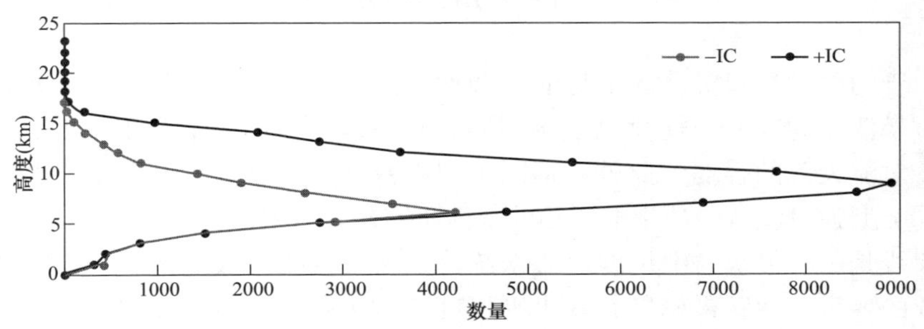

图4-7　正负极性云闪高度分布图

NBE的高度分布如图4-8所示，由图可以看出，NBE高度分布情况与云闪不同，随着高度的增加，正极性NBE频次先增后减，在15km附近处出现峰值；而负极性NBE呈锯齿形振荡，在7km附近出现最大值后，频次突然降低，在10km处达到最小，进而又急剧增加，在14km处达到最大值，最后在20km处下降至0。

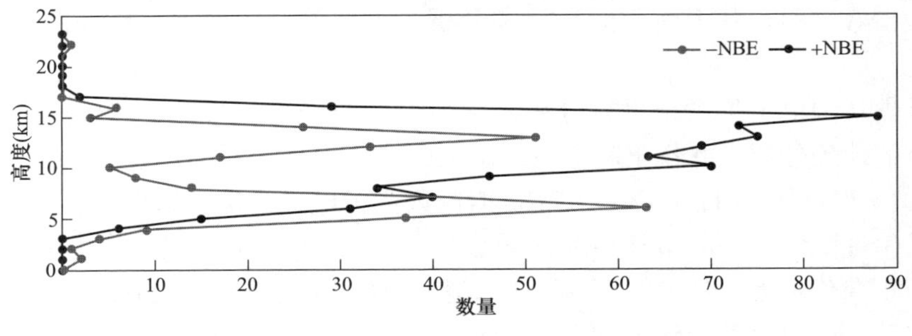

图4-8　正负极性NBE高度分布图

进一步统计正负极性云闪和正负极性NBE的高度分布情况，得到表4-4。由表可知，80%以上的云闪都在10km以下，而NBE则集中在5～15km范围内。

表 4-4　　T20140819 正负云闪、NBE 高度分布表

高度 H 分布	云闪				NBE			
	负云闪		正云闪		负 NBE		正 NBE	
$H \leqslant 5$km	6147	27.71%	5871	10.13%	53	16.61%	21	3.28%
5km$<H \leqslant 10$km	13 691	61.93%	36 813	63.47%	129	40.44%	221	34.48%
10km$<H \leqslant 15$km	2137	9.65%	14 890	25.75%	30	40.75%	368	57.41%
$H>15$km	156	0.70%	429	0.74%	7	2.19%	31	4.84%
总计	22 131	100%	58 003	100%	219	100%	641	100%

4.3　雷暴的时间演变过程

由于闪电过程和雷暴云本身的复杂性和测量手段的局限性，不同地区和类型的雷暴活动的特征和规律也不尽相同。同一地区不同季节和不同的天气气候影响着对流天气的强弱，此外，不同类型雷暴活动的特征也有很大差异，所以对不同类型强对流风暴的雷电活动的全面研究极其重要。

飑线是一种带状的中尺度对流系统，是由一些排列成行的雷暴单体或雷暴群组成的狭窄的活跃雷暴带，其水平尺度通常为数十至数百千米之间，典型飑线的生命周期远大于雷暴单体的生命周期。它包括强雷暴以及层状降水区，镶嵌在飑线中的强雷暴常常引起局地灾害性天气。因此，通过对广州上空（见图 4-9）典型雷暴过程的观测分析，结合全闪电定位数据对雷暴进行实时分析，得到有关雷暴活动的时间演变过程，能有效得到强雷暴发展的时间、速度、强度等特征量，为之后的预测提供数据基础[40,41]。

本节通过对闪电定位数据和多普勒雷达系统提供的资料，观测广州地区夏季典型雷暴过程，基于前面的数据和分析，得到关于典型雷暴事件的时间演变过程。

首先从闪电定位系统进行分析，利用闪电的经度、纬度、高度来定位每一次闪电的地理位置，并作出闪电三维定位图。

2014 年 8 月 19 日 10:30—17:30 时间段内闪电三维定位结果如图 4-10 所示。

从俯视图中看到，雷暴由西南角出发向北发展，约 2h 后，雷暴向东移动，雷暴面积变化不大。1h 后，雷暴突然扩散占领了整个图的中部地区并且向西北方向移动，最后雷暴持续向西北方向扩散，同时也有少量雷暴向东部移动后消亡。进一步观察，广州地区 15:00—16:00 时间段内，雷暴覆盖面最大，雷暴活动最为剧烈。

从垂直剖面图中看到，闪电高度随时间演变的过程，可明显观察到，闪电高度大部分在 20km 以下，雷暴中期，闪电高度聚集在 15km 左右，闪电后期，

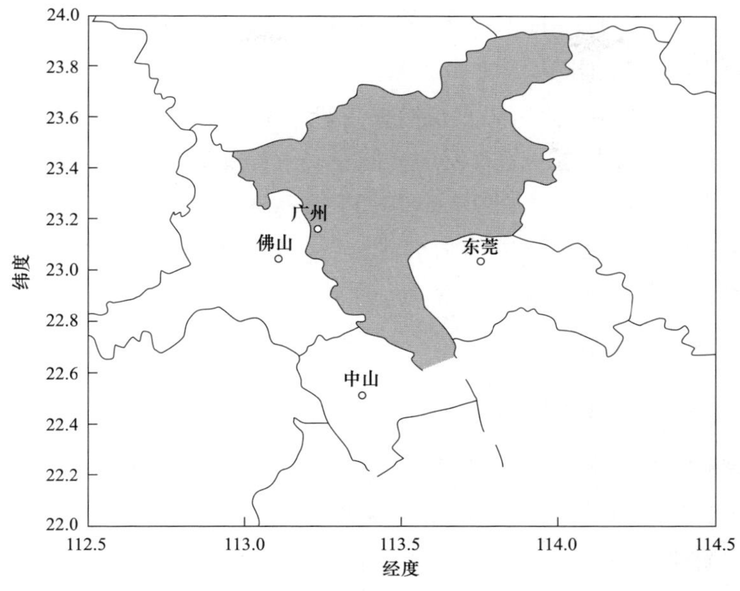

图 4-9 广州行政区域地图

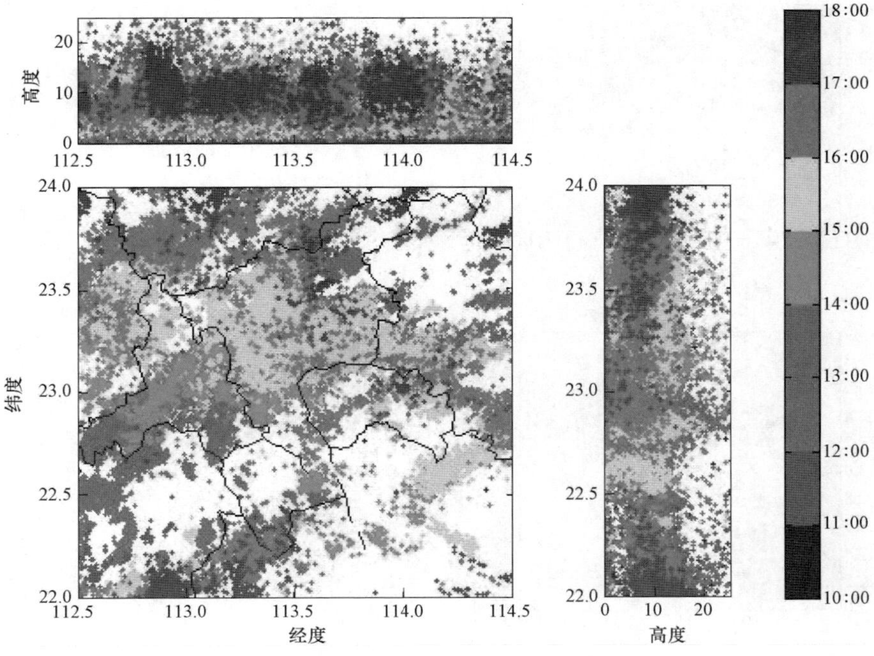

图 4-10 T20140819 雷暴过程三维定位图

闪电高度下降至 10km 附近，与上一节闪电高度分布所得的结论一致。

利用 2014 年 8 月 19 日 10:30—17:30 时间段内多普勒雷达回波数据，画出每 6min 的闪电定位和雷达回波叠加图。由于雷达的扫描时间间隔为 5min，故选取 6min 为一个周期，将闪电定位数据与每一次雷达回波图叠加，能较好地反映出闪电定位数据集与雷达组合反射率能在多大程度上匹配。

作图后发现，2017 年 8 月 19 日 10:30—17:30 的 7h 内，在广州地区有两次雷暴聚集区域，一片在广州中部和东北区域，另一片来自西南区域，向东北区域移动。因此，将整个雷暴事件分为 10:30—13:30 和 12:30—17:30 两部分来分析。

4.3.1 本地雷暴的时间演变

由于篇幅有限，下面选取了雷暴初始、发展、成熟、消亡四个阶段各两张图片展示雷暴的生命周期。第一次雷暴聚集区域的闪电定位和雷达回波叠加图，初始、发展阶段如图 4-11 所示，成熟、消亡阶段如图 4-12 所示 。

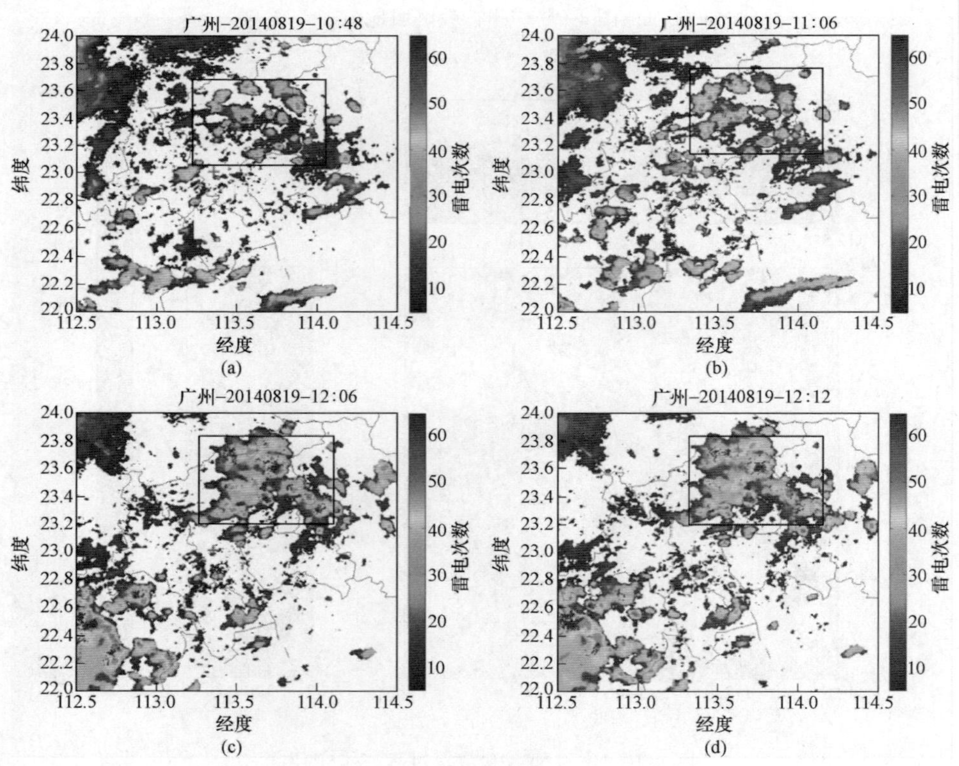

图 4-11　T0140819 本地雷暴初始、发展阶段叠加图

由图 4-11 可以看出，10:30—13:30 时间段内，广州中部和东南地区有一本地雷暴生成，3h 后消亡，将上图放大观察，可看出各个阶段的时间演变过程，如图 4-12 所示。

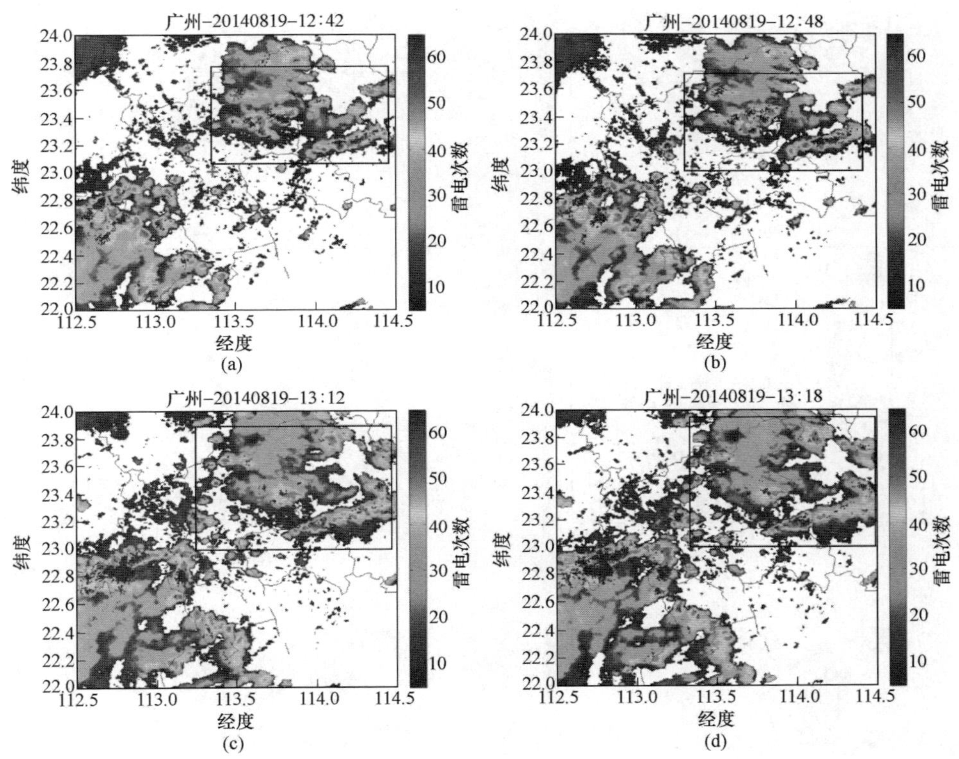

图 4-12　T0140819 本地雷暴成熟、消亡阶段叠加图

雷暴从广州地区的中部开始发展，由图 4-13（a）可以看出，10:36—10:42 这一段时间内，雷达探测点东北方向 60km 远处发现一面积约为 30km² 的区域，其雷达回波大于 50dBz，且在该回波区域附近，发现有全闪电定位数据点，坐标为 A(113.5，23.36)，闪电频次为 3，次且可以明显看出，闪电定位点与该区域的雷达回波最大值并没有重合。经过 30min 后，A 点闪电定位点先增加后逐渐消散，接着，在图 4-13（b）中发现，11:06—11:12 这一段时间内，A 点的闪电定位点已经全部 消散，在位置约为 B（113.65，23.68）处出现了新的闪电定位点，闪电频次为 43 次，接下来时间段内，在广州中部区域，不断有新的闪电定位点产生，并且向东北部发展呢，于 11:54 左右达到较大值如图 4-13（c）所示，该时间段内闪电频次为 318 次，其中云闪 290 次，地闪 27 次，NBE 事件 1

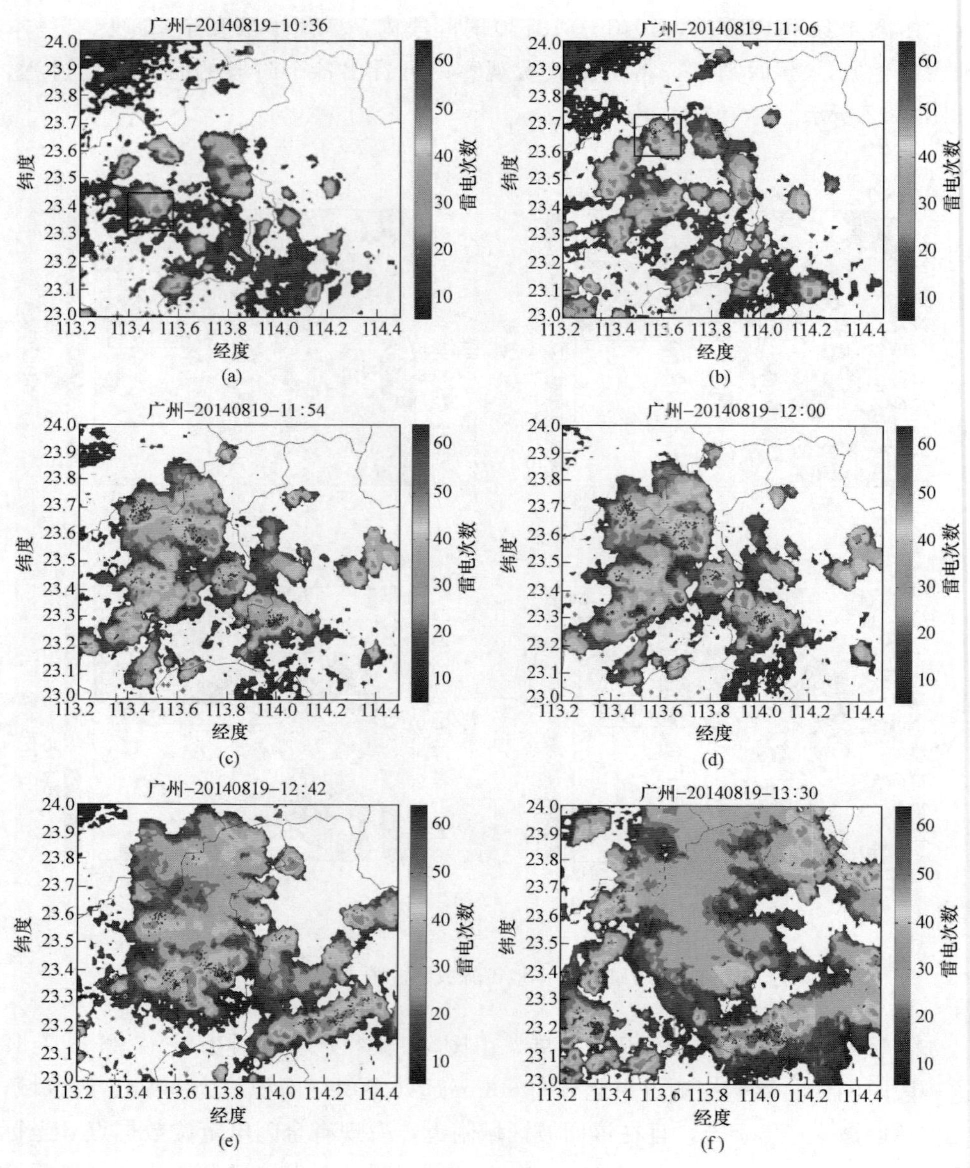

图 4-13　T2014819 第一次雷暴时间演变图

次，云地闪比例为 10.74，高于上文分析的整个雷暴过程中云地闪比例 8.8。此时，在广州中部，12 时开始又有新的闪电定位点产生，如图 4-13（d）所示，并于12:42 左右达到最大值，如图 4-13（e）所示，之后，整个广州中部和东北部地区的雷暴逐渐消亡，至 13:30 全部消失，如图 4-13（f）所示对应的雷达回波也小于 35dBz。值得注意的是，整个过程中，雷达回波的最强点与闪电定位最密集的点并没有重合，进一步的机理有待研究。

对广州中部和东北部区域进行闪电定位数据分析，即经度为［113.4，113.9］、纬度为［23.31，23.9］，在 2014 年 8 月 19 日 10:30—13:30 时间段，记录有 4960 次闪电，其中云闪 4463 次，占比为 90.0%，地闪 486 次，占比为 9.8%，NBE11 次，占比为 0.2%，云地闪之为 9.18，略高于上文雷暴全过程时云地闪比例 8.8。

表 4-5 展示了部分闪电定位数据，雷暴成熟阶段 11:54—12:00 闪电高度图如图 4-14 所示，第一次雷暴全过程的闪电活动频次图如图 4-15 所示，可见闪电高度大多分布在 4～14km。

表 4-5　第一次雷暴闪电定位数据

时间	IC	CG	IC/CG	Total
10:30	0	0	—	0
11:00	19	0	—	19
11:30	58	13	4.461 538	71
12:00	304	46	6.608 696	351
12:30	283	30	9.433 333	313
13:00	150	11	13.636 36	161
13:30	43	8	5.375	51

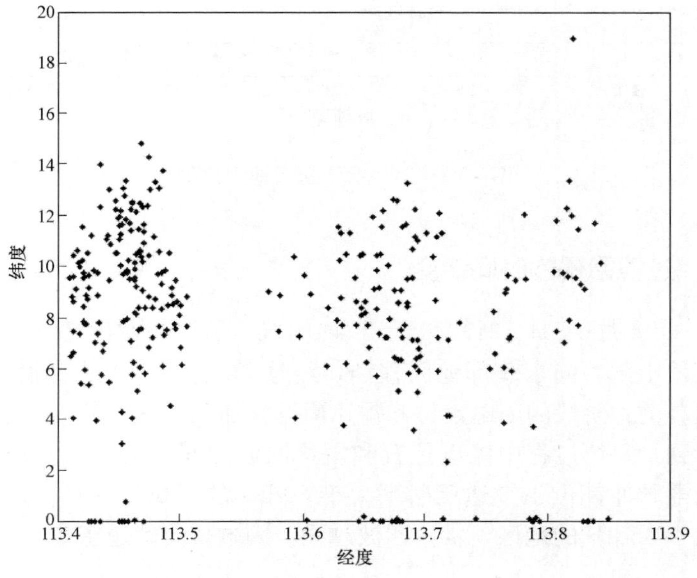

图 4-14　T20140819 第一次雷暴 11:54—12:00 闪电高度图

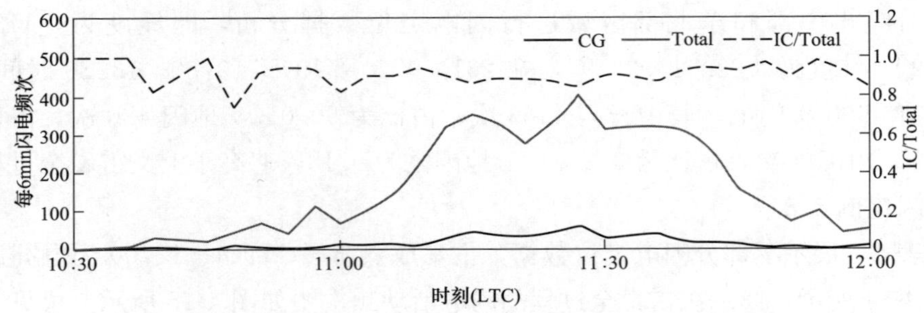

图 4-15　T20140819 第一次雷暴全过程闪电频次图

由图 4-16 第一次雷暴云地闪比例可以看出，雷暴初始阶段，云地闪比例较低，雷暴发展阶段，云地闪比例突然增加，超过 10，最高达到 20；在雷暴成熟阶段，云地闪比例稳定在 10 左右，持续约 2h，最后云地闪比例大小变化较大，极其不稳定，雷暴到了消亡阶段。因此，由云地闪的比例可初步判断雷暴活动的各个阶段。

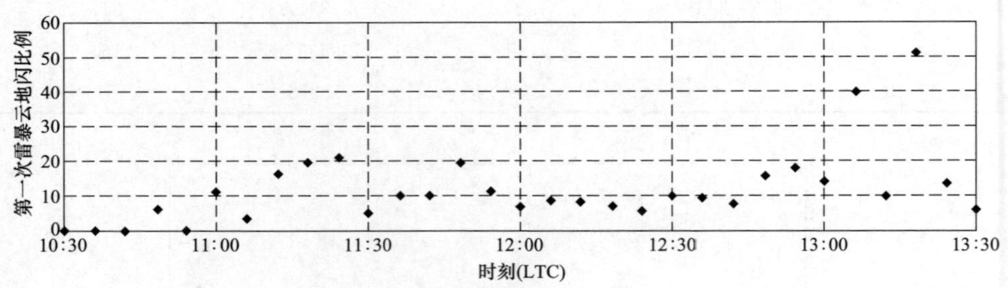

图 4-16　第一次雷暴云地闪比例

4.3.2　过境雷暴的时间演变

在 2017 年 8 月 19 日 12:30—17:30 时间段，从广州西南部开始，有一过境雷暴经过广州中部，向东北部地区移动，经过 5h 后在广州北部消亡，其初始、发展、成熟、消亡阶段的闪电定位和雷达回波叠加图如图 4-17 所示。

可以看到，每个过程中闪电位置和雷达回波之间都有相互对应的关系，绝大部分的闪电脉冲都位于雷达反射率大于 30dBz 的区域，并且大部分集中在雷达反射率大于 45dBz 的地区，雷达回波越强，闪电聚集就越密集 .

在图 4-17（a)、(b）中，距离雷达站西南方向约 60km 处，有一小块闪电聚集区域，雷达探测该区域回波较高，最强处超过 60dBz，0.5h 后，闪电密度越来越大，并且向东北方向移动，如图 4-17（c）、（d）所示。在 14:00—14:06 时间段，雷暴移动至广州中部地区，闪电密度也在逐渐增加。持续 2h 后，在 16:00—16:06 时间段，观察到闪电已经慢慢消散，雷暴进入消亡阶段，至 17:18—17:24 时间段，雷暴基本消失，此时雷达回波强度也低于 30dBz。

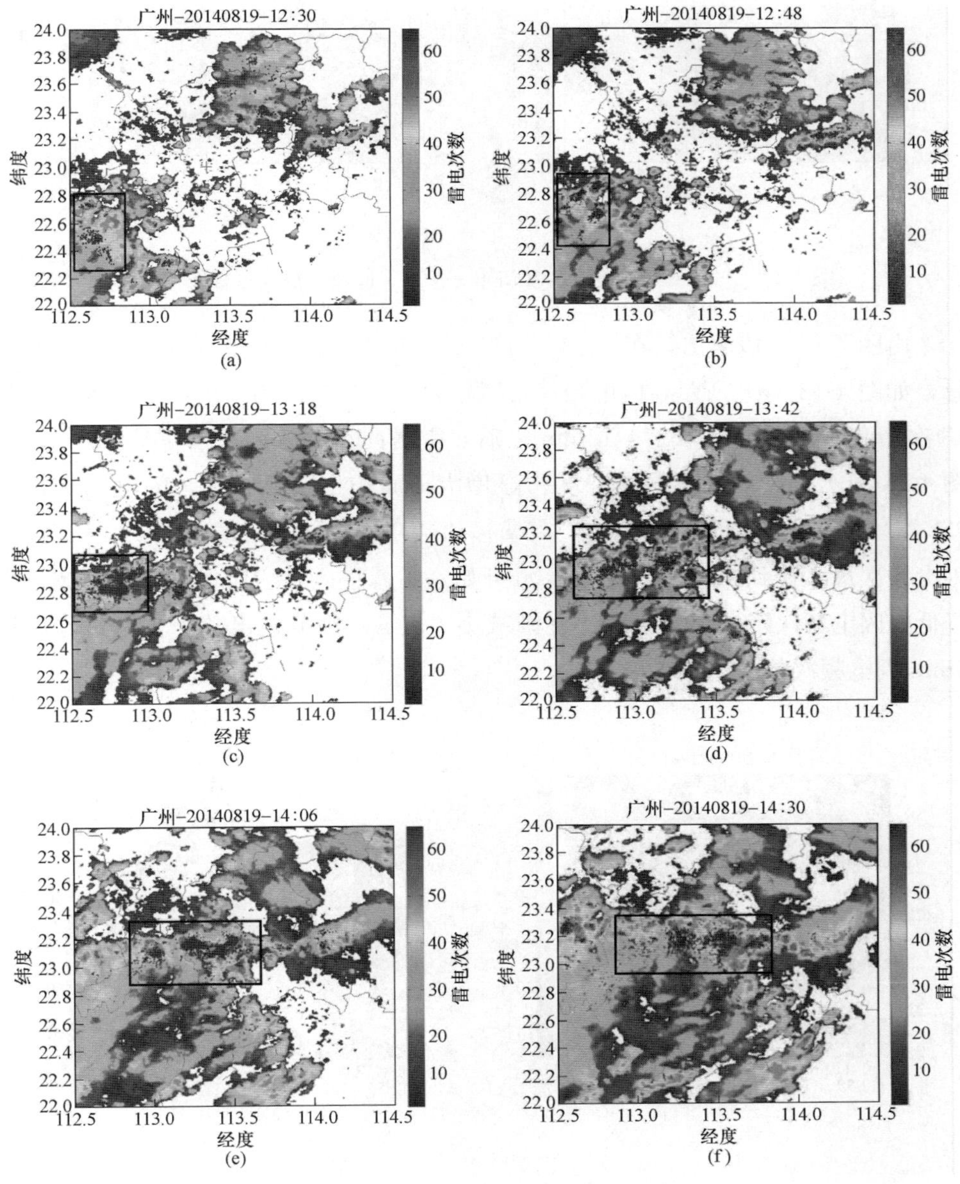

图 4-17　T20140819 过境雷暴初始、发展、成熟、消亡过程图（一）

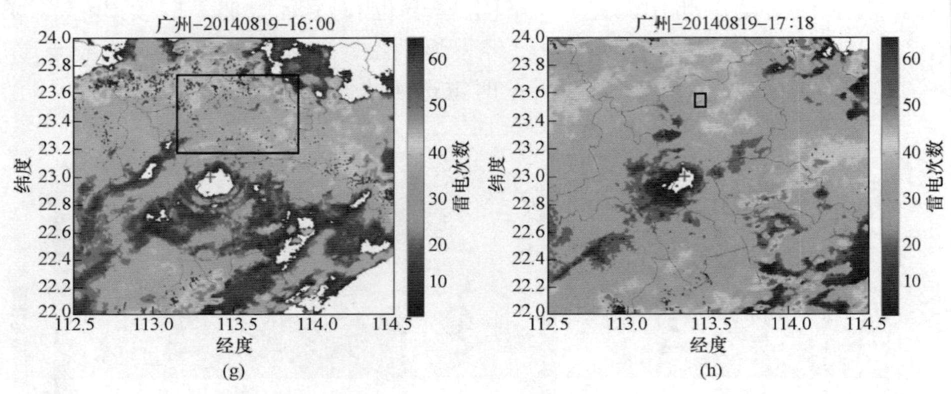

图 4-17　T20140819 过境雷暴初始、发展、成熟、消亡过程图（二）

由图 4-18 可以看出，在 12:30—12:36 时间段，有一面积约为 100km^2 的雷暴，如图 4-18（a）所示，闪电聚集密度不大，云闪频次为 408 次，地闪频次为 18 次，云地闪比例为 22.7。12min 之后，雷暴向东北方向移动了约 12km，如图 4-18（b）所示，闪电聚集密度明显增大，面积也明显扩大，闪电频次达到 922 次。在接下来的几个小时内，雷暴移动至广州中部并持续了较长一段时间，闪电频次最大达到 3257 次。在 16:00 开始，雷暴进入消亡阶段，雷达回波强度降低，闪电频次降低到 803 次并逐渐减小。表 4-6 中节选出整个雷暴过程中每 6min 闪电频次数据。

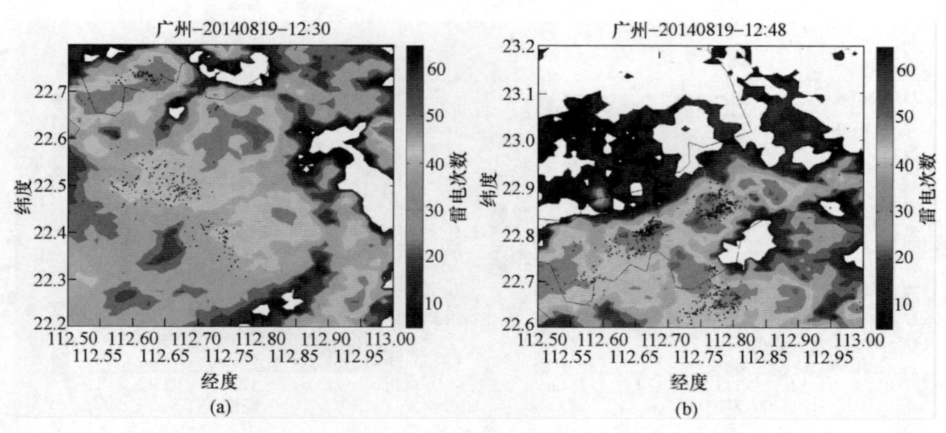

图 4-18　第二次雷暴时间演变图（一）

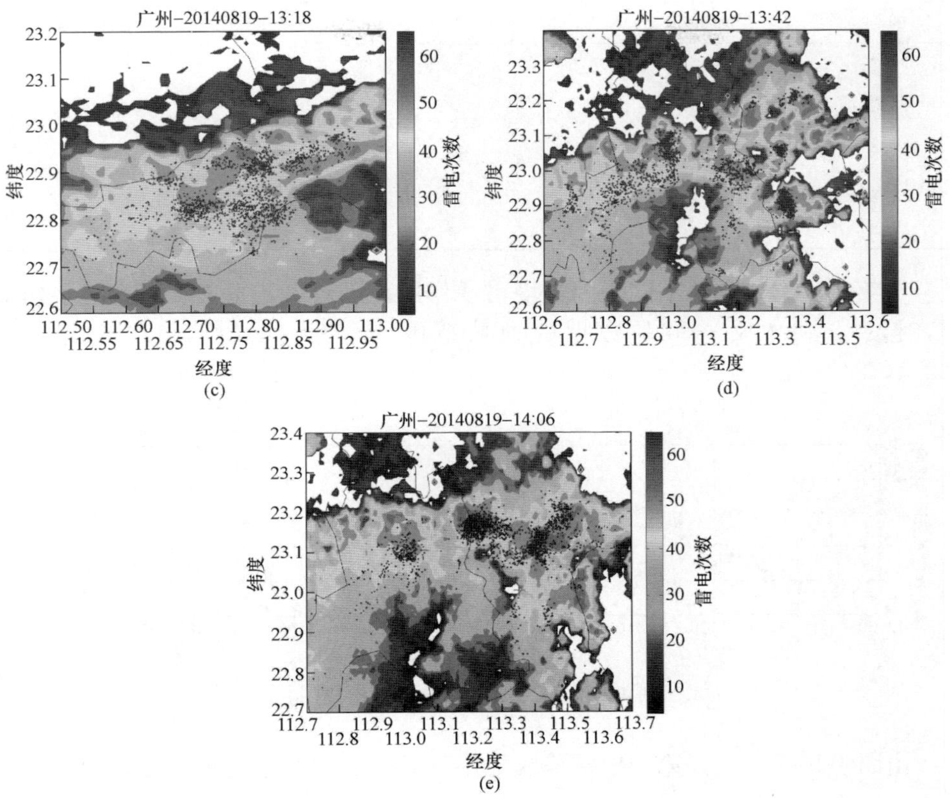

图 4-18　第二次雷暴时间演变图（二）

表 4-6　　第二次雷暴闪电定位数据

时刻	IC	CG	NBE	Total	IC/CG
12:30	408	18	2	428	22.67
12:36	479	32	1	512	14.97
12:42	697	53	4	754	13.15
12:48	866	52	4	922	16.65
12:54	1523	89	15	1627	17.11
13:00	2302	240	63	2605	9.59
13:30	2706	215	51	2972	12.59
14:00	2685	347	66	3098	7.74
14:30	1891	262	39	2192	7.22
15:00	1860	113	9	1982	16.46

续表

时刻	IC	CG	NBE	Total	IC/CG
15:30	1233	62	4	1299	19.89
16:00	709	59	1	769	12.02
16:30	431	31	1	463	13.90
17:00	254	27	1	282	9.41
17:30	5	0	0	5	

与第一次本地雷暴不同，因过境雷暴作用范围较大，本文在研究过境雷暴时，起始点在本文选取的数据的地域范围为经度［112.5，114.5］，纬度［22.4，24］内。

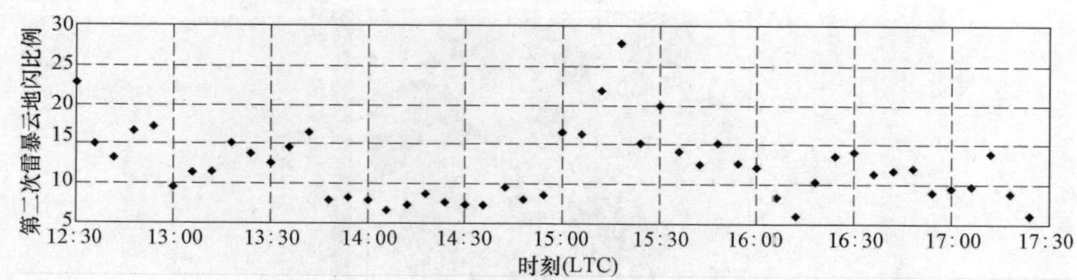

图 4-19　第二次雷暴云地闪比例图

由图 4-18 和表 4-6 第二次雷暴闪电定位数据所示，过境雷暴在起始时刻便形成一定规模，闪电频次达 428 次。由图 4-20 可以看出，雷暴初始阶段，云地闪比例已经达到较高的值，并连续 1h 保持 10 以上，在雷暴快速移动过程中，云地闪比例有所下降，当移动到广州中部并稳定时，云地闪比例又突然上升，最高 15:18—15:24 时间段达到 30，由时间演变图可知，雷暴在广州中部持续约 1h，到 16:00 之后，雷暴逐渐消失，闪电频次降低，云地闪比例无序变化，同样的，由云地闪的比例可初步判断雷暴活动的各个阶段。

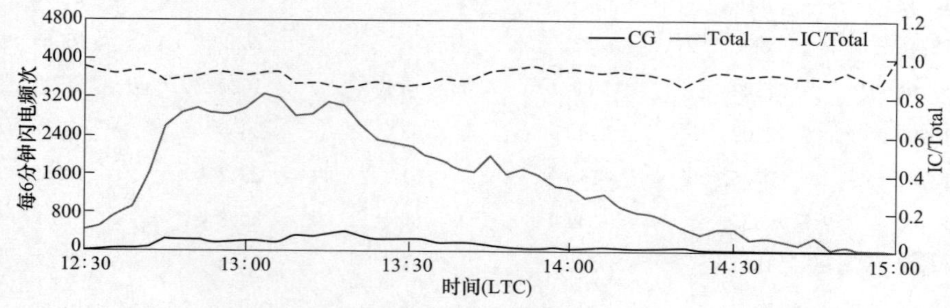

图 4-20　第二次雷暴全过程闪电频次图

4.4 雷暴的地域演变过程

通过 4.3 的分析，大致定性描述了雷暴活动的时间演变过程，其中雷暴的走向、对应时间段全闪电的数频次、雷暴的移动速度、主放电的位置和雷暴的有效面积等表征量均未能定量计算，因此，本节将以 12min 为事件尺度，对闪电的密度进行分析并画出密度图，在平面上描述雷暴的地域演变过程，进一步对闪电的空间特征分析。

4.4.1 闪电密度划分

对经度为［112.5，114.5］、纬度为［22，24］的观测区域进行不同时间尺度的网格划分。将上述经纬度分为 200 份，形成 4×10^4 个网格，设定网格为经度 0.01×纬度 0.01 的小方格，统计每个小方格内的闪电次数。

首先分析雷电活动全过程，将 2014 年 8 月 19 日 10:30—17:30 共 7h，进行网格划分，观察雷暴整体 *STD* 的分布情况。图 4-21 中分别列出了该时间段内总闪电、云闪、地闪、NBE 的闪电密度图。图 4-21 可以看出，广州地区的中部区域和南部区域闪电密度较大，局部地区网格次数达到甚至超过 20，这与 4.3 节时间演变过程的分析是一致的。同时，将这 4 张密度图进行对比，可判断出全闪电、云闪强放电区域基本一致，且地闪密度明显小于云闪密度。降低时间尺度降低至 12min，把不同时间段内雷暴活动情况的对比，得到雷暴活动的地域演变大致过程。图 4-22 展示了整个雷暴活动期间全闪电每 12min 的密度分布，同样由于篇幅限制，只放了整点的密度分布图。

通过上图进一步说明了上一节中时间演变过程的分析，得到的雷暴大致的运动趋势，即从 10:30 开始在广州中部和东北部有一本地雷暴生成，持续约 3h 后消亡，同时，于 12:30 起，从广州西南方向有一过境雷暴和部分小的雷暴集团，向东北方向移动汇聚至广州中部，在中部持续 1h 后，雷暴向四周扩散并逐渐消亡。

4.4.2 闪电地域演变

根据 4.4.1 中的网格划分，采用八连通区域划分算法，找到若干个紧密相关的放电区域，即闪电空间—时间邻域 *STN*。

首先，在 4.3 节的基础上，进一步缩小每幅图的时间尺度，已知雷法完整扫描一次的时间 为 6min，若采用与雷达扫描时间一致的 6min 作为间隔，闪电频次过于稀少，难以找到合适的 *STN* 区域，若以 4.3 节所提到的 30min 为时间间隔，闪电过于密集，地域演变不够明显，因此通过比较，将时间尺度定位 12min 较为合适。

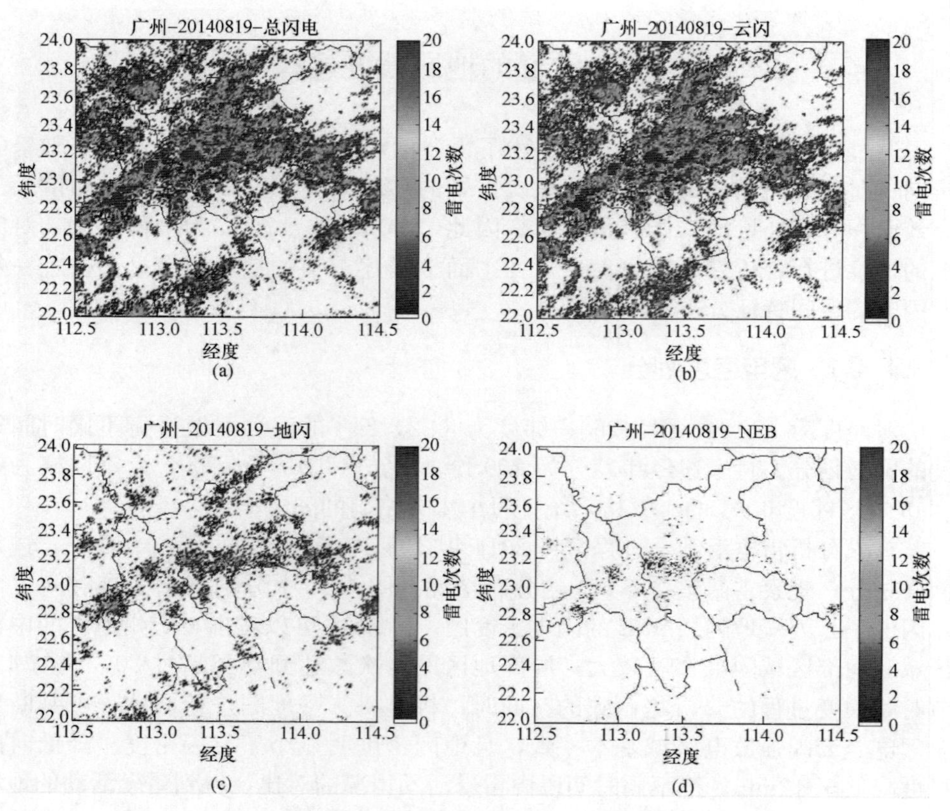

图 4-21　T140819 总云闪、地闪、NBE 的密度图

并在此基础上，进行通过反复试验，先后设置阈值 $STD_{\min}$ 为 1、2、3，画图观察每个 12min 时段内，每个网格内闪电次数的范围，经过不同阈值的对比，最后确定每个网格闪电密度的阈值为 2，即只有当闪电次数超过该阈值的网格才能被算作强放电区域，并计入有效面积；设置有效面积的阈值 minVA 取为 25km^2，即有效面积超过该阈值的空间—时间邻域 STN 才最终被定为一个有效 STN。通过以上阈值的确定，能够准确地定位到雷暴活动的具体情况。

其次，统计每个 STN 区域范围内的网格数，再乘上相对应的面积，得到该过境雷暴全闪电和的有效扩展范围面积，也就是它的影响力较大的区域面积 VA，同时，对每个 STN 区域范围内每个网格中的闪电次数进行统计，算出范围内每个网格内的闪电次数占总闪电次数的比例，依此为权重对网格坐标进行加权平均，得到雷暴的主放电中心坐标 C。

最后，将有效面积 VA 折算成以主放电中心坐标 C 为圆心的有效面积圆，通过有效面积圆的半径衡量雷电活动的强度，通过主放电中心坐标 C 的移动，来反映雷电活动的速度与走向。

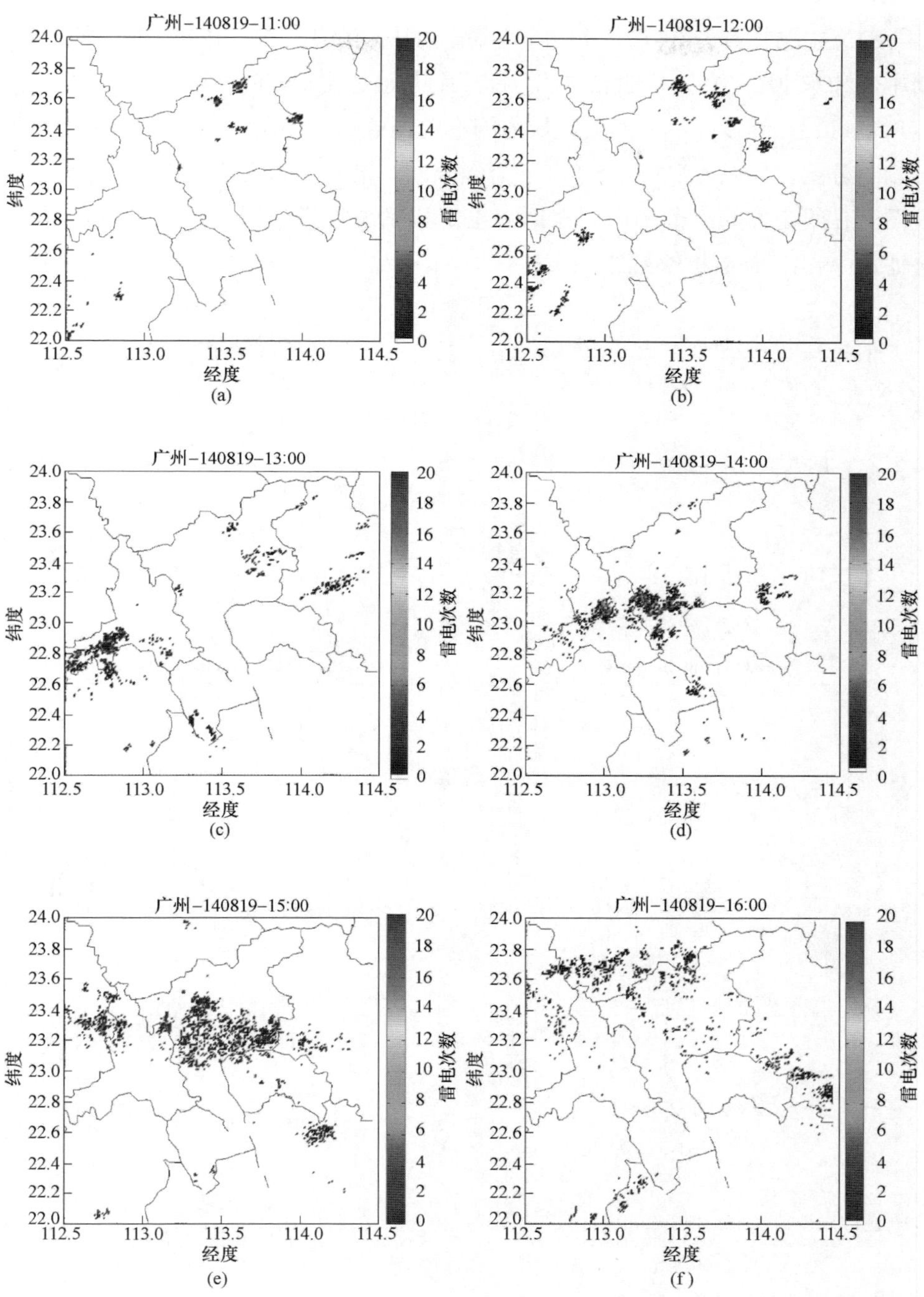

图 4-22 T20140819 全闪电密度图

4.4.2.1　本地雷暴的地域演变

前文中已提到，在 T20140819 雷暴事件中，在 10：30—13：30 时间段内，广州中部和东北部有一本地雷暴生成，因此通过上述方法画图时，选取经度［113，114］、纬度［23，24］区域内闪电定位数据，得出 3h 内每 12min 全闪电密度划分图，如图 4-23 所示，由于篇幅限制，节选出部分典型阶段的全闪电密度图。在给定经纬度范围内，根据闪电定位系统提供的数据，通过设定的阈值过滤后，作出全闪电密度图。由图 4-23（a）看出，在 11：00—11：12 时间段内，

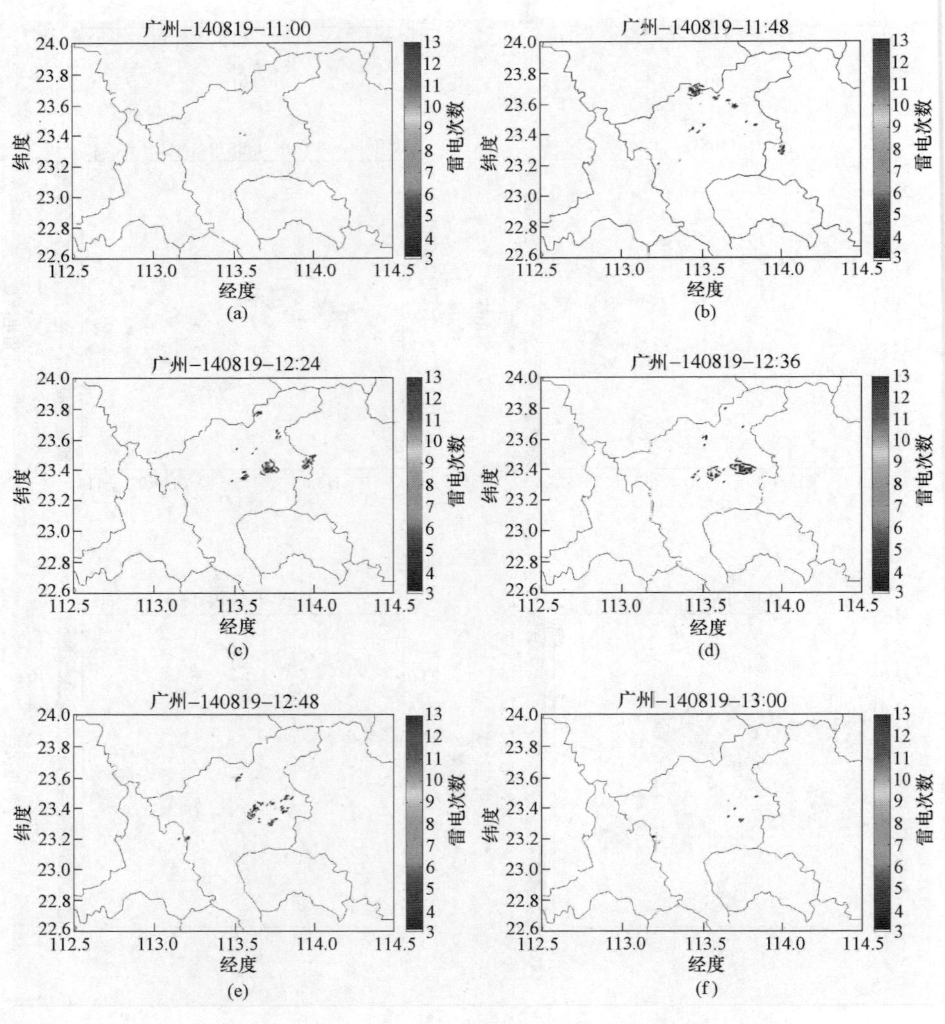

图 4-23　T20140819 第一次雷暴全闪电密度图

广州中部地区已有少量生成，但是由于闪电聚集的面积没有达到 STN 阈值的要求，因此没有符合条件的 STN 区域。一段时间后，在 11:48—12:00 时间段，观察图 4-23（b）发现，图中有若干处有大小不一的闪电定位点，但是由于 STD_{min} 的限制，只有一个闪电聚集区符合要求，且被确定为一个空间—时间邻域 STN。36min 后，雷暴活动强度逐渐变大，由图 4-23（c）、（d）发现，在 12:24—12:36 和 12:48—13:00 时间段，均有两个闪电聚集区均超过 STD_{min}，因此，在此时间段内，有两个有效的空间—时间邻域 STN，选择有效面积最大的一个 STN 区域的主放电中心作为该时间段的主放电中心 C，将所有 STN 区域的面积相加，作为该段时间内的有效面积 VA，以此确定该时间段内的雷电活动强度。在 13:00—13:12 时间段内，通过图 4-23（e）可以看出，雷暴逐渐消失，由于雷暴空间—时间密度 STD 无法达到阈值，此前的 STN 区域消失，该本地雷暴进入消亡阶段。最后，在 13:24—13:36 时间段内，图 4-23（f）中发现，广州西部地区有一 STN 区域，该区域为下一小节的过境雷暴的分析范围，将在下文中进行分析。将整个雷暴过程中的所有空间—时间邻域 STN 的主放电中心 C 和雷暴有效面积 VA 进行统计，得到表 4-7 第一次雷暴主放电中心坐标及有效圆半径所示结果。表中，主放电中心的坐标表示为（C_{lon}，C_{lat}），有效面积圆半径为 VA-R。由主放电中心的坐标以及其在地图上对应的实际距离，经过一系列计算，得出雷暴的移动速度 VA 和主放电中心的移动方向，如表 4-8 所示。通过以上分析，将雷电活动强度表征量绘制成折线图，观察闪电频次、雷暴有效面积 VA 和雷暴移动速度 S_p 的变化规律。由折线图可以看出，11:24—12:48 间全闪电频次变化，可以看到，在 11:24—11:54 时间段为雷暴发展阶段，地闪频次较低且变化不大，云闪逐渐增加。到 11:54—12:48 时间段为雷暴成熟阶段，地闪频次呈波浪形变化，全过程如图 4-24 所示。

表 4-7　　第一次雷暴主放电中心坐标及有效圆半径

时刻	C_{lon}	C_{lat}	VA(km^2)	VA-R(km)
11:24	113.45	23.57	38	3.478
11:36	113.56	23.59	30	3.090
11:48	113.46	23.68	37	3.432
12:00	113.49	23.68	30	3.090
12:12	113.76	23.6	67	4.618
12:24	113.71	23.4	77	4.951
12:36	113.77	23.38	84	5.171
12:48	113.62	23.36	30	3.090
平均值	113.60	23.53	49.1	3.865

表 4-8　　第一次雷暴移动速度及方向

时刻	移动距离（km）	移动速度（km/h）	移动角度（°）
11:24	11.18	55.90	10.30
11:36	13.45	67.27	138.01
11:48	3.00	15.00	0.00
12:00	28.16	140.80	343.50
12:12	20.62	103.08	255.96
12:24	6.32	31.62	341.57
12:36	15.13	75.66	187.59
12:48	18.35	91.77	—
平均值	14.53	72.63	—

进一步分析 11:24—12:48 时间段全闪电移动速度 S_p 和雷暴的有效面积 VA，绘制图像如图 4-24（b）所示可以看到，每 12min 时间段内 VA 的变化速度，明显的，在发展阶段，移动速度 S_p 较快，最快可达 140.8km/h，此时，雷暴有效面积 VA 较小，仅为 30km^2；在成熟阶段，移动速度 S_p 慢慢下降，此时间段内全闪电频次明显增加，雷暴有效面积 VA 增加，最大可达 84km^2。

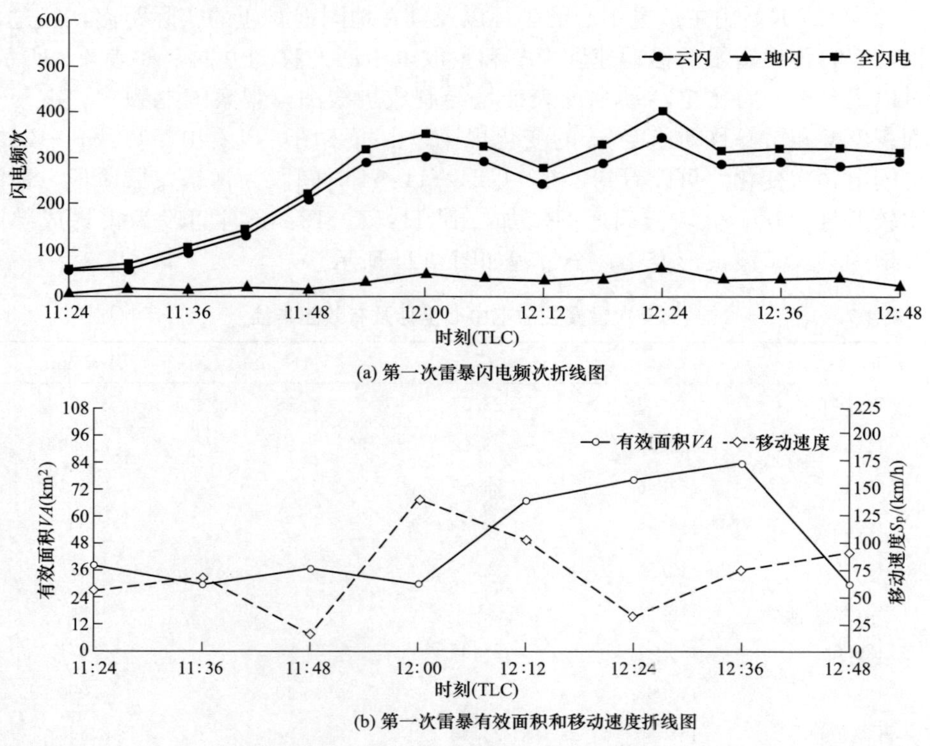

(a) 第一次雷暴闪电频次折线图

(b) 第一次雷暴有效面积和移动速度折线图

图 4-24　第一次雷暴表征量变化图

由雷电活动强度表征量的折线图可以看出，该本地雷暴的发展阶段，移动速度 VA 变化较大，及其不稳定，有效面积较小；而成熟阶段，移动速度 VA 较小，有效面积增大。整个本地雷暴过程中，雷暴移动速度和有效面积成反向相关。最后，通过已知的每 12min 内密度图 STN 区域的主放电中心 C 的经纬度和对应的雷暴扩展有效面积 VA，因此把主放电中心 C 位置当作雷暴中心，其位置的改变来描述雷暴的运动趋势，同时，用雷暴扩展有效面积圆的半径 VA-R 大小的变化表现雷暴影响范围的变化，雷暴的地域演变过程就能直观地在图中表现出来，如图 4-25 所示。圆圈在图上框住的区域大小则等于实际相应的雷暴扩展有效面积 VA。经过处理后，可直观地看到雷暴地域演变过程中，雷暴中心的移动路线和整个移动过程中造成影响的地域范围，这对判断雷暴的强度和发展趋势有很大的意义。

综合以上分析得出结论，该本地雷暴在广州地区内移动，移动方向为广州东北部向中部，雷暴移动速度大约为 72km/h，行进中全闪电平均影响范围约为 49.1km^2。

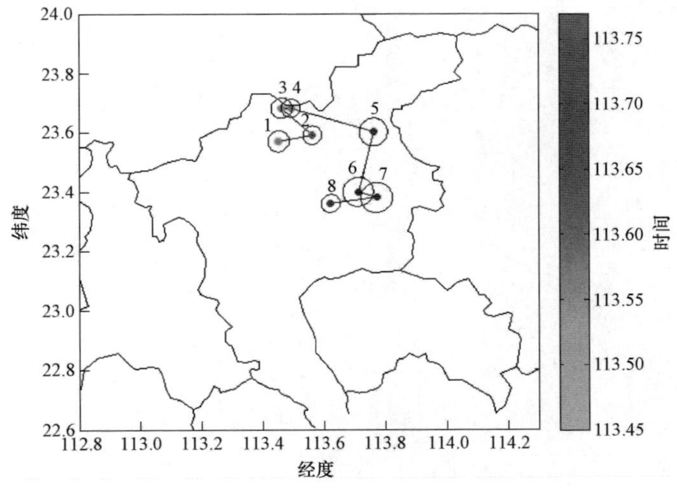

图 4-25 T20140819 第一次雷暴的地域演变

4.4.2.2 过境雷暴的地域演变

本节分析 T20140819 广州地区 12:30—17:30 时间段过境雷暴的地域演变特征。在时间演变过程中已提到，该过境雷暴从广州的西南方向，向东北方向移动，至广州中部停留一段时间后消散，全程历时约 5h。此过境雷暴移动速度较快，且影响范围大，因此，根据雷暴经过的区域，选取经度［112.5，114.5］纬度［22.6，24］区域内闪电定位数据，得出 5h 内每 12min 全闪电密度划分图，如图 4-26 T20140819 第二次雷暴全闪电密度图所示，由于篇幅限制，同样节选出部分典型阶段的全闪电密度图。

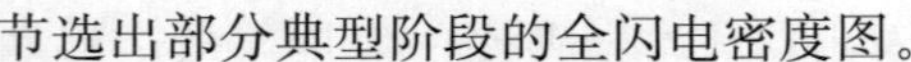

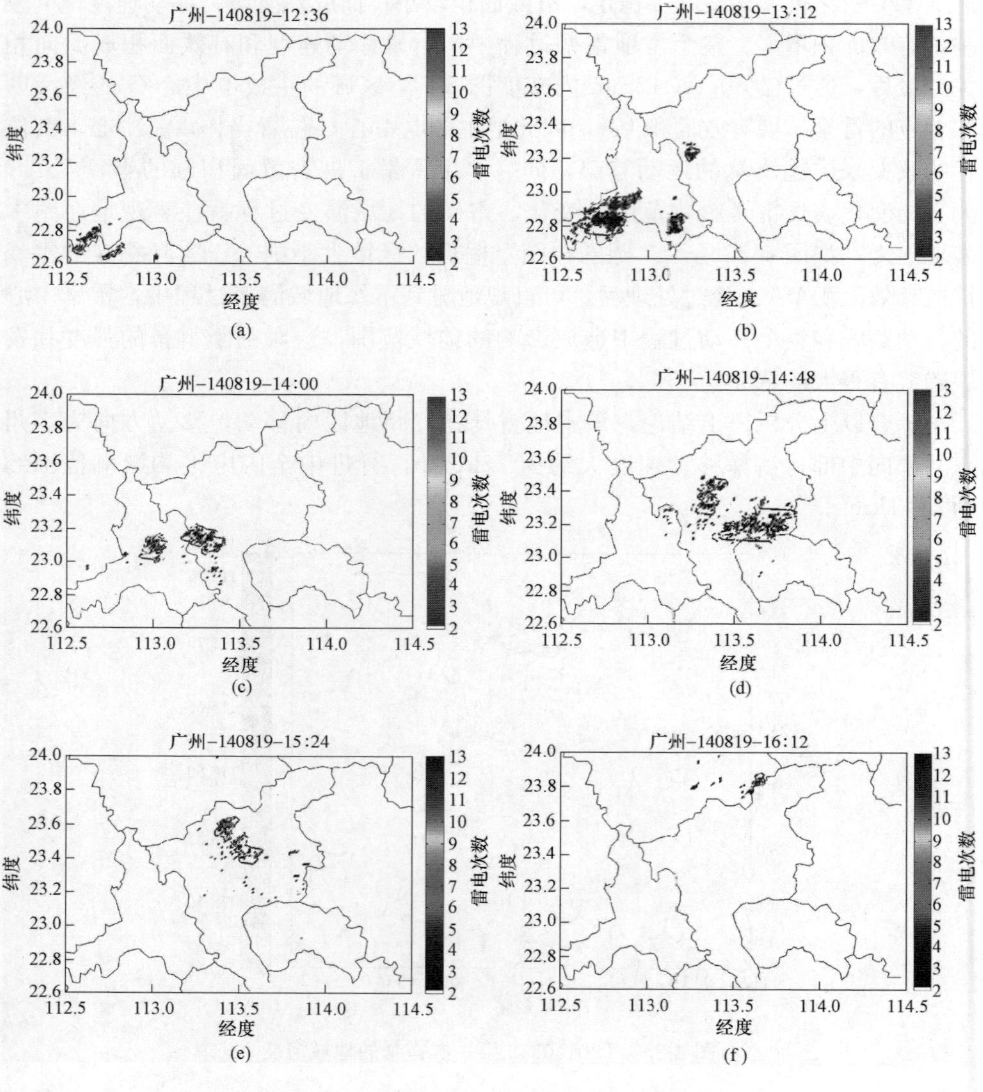

图 4-26　T20140819 第二次雷暴全闪电密度图

在给定经纬度范围内，根据闪电定位系统提供的数据，通过设定的阈值过滤后，作出全闪电密度图。由图 4-26（a）看可以看出，在 12:36—12:48 时间段内，广州西南方（广州地区）已有一定数量的闪电聚集区，并且形成了两个空间—时间区域 *STN*。随着时间的推移，在 13:12—13:24 时间段，观察图 4-26（b）发现，闪电聚集区不断变大并且向东北方向移动。48min 后，雷暴继续向东北移动，由图 4-26（c）、（d）发现，在 14:00—14:12 和 14:48—15:00 时间段，雷暴开始进入广州地区，并且移动至广州中部地区停留了一段时间。随后雷暴向北部移动至广州最北边后逐渐消亡，如图 4-26（e）、（f）、（g）所示。

对整个过境雷暴观察发现，该过境雷暴有三个起始点，下面对三个起点逐个分析。从 12:36—12:48 时间段开始，图 4-26（a）中可明显看出，在（112.74，22.64）和（112.66，22.8）两处有一大一小两个闪电聚集区，有效面积 VA 分别为 73 和 36，以此为起始点，雷暴沿两条路径发展。到 13:24—13:36 时间段，两个雷暴聚集到一起，并在后续过程中一起移动，设路线为 M，与此同时，坐标为（113.2，22.83）处有一个新的雷暴生成，设路线为 N，新雷暴有效面积 VA 为 78，且朝向 M 发展，在 14:24 时 M 和 N 交汇于点（113.59，23.195），此时雷暴有效面积 VA 达到最大，为 503km^2。此后，N 于 M 分离，两者各自朝向新的方向移动。雷暴 N 于 15:00 开始消亡，而雷暴 M 则持续时间较长，于 16:00 开始消亡。

为了更加清晰地展现出过境雷暴的发展过程，现分别将整个雷暴过程中的两条线路的空间—时间邻域 STN 的主放电中心 C 和雷暴有效面积 VA 进行统计，得到下表所示结果。表中，主放电中心的坐标表示为（C_{lon}，C_{lat}），有效面积圆半径为 VA-R。表 4-9 列出了 12:36—13:24 时间段内雷暴 M 两个不同起点的雷暴主放电中心坐标及有效面积，表中可看出，雷暴 M1 在逐渐减小，雷暴 M2 在逐渐增大，且雷暴 M1 有效面积 VA 明显小于雷暴 M2，在 13:24 左右，两个雷暴合并成雷暴 M。

表 4-9　　第二次过境雷暴 M 分路线

时刻	雷暴 M1			雷暴 M2		
	C_{lon}	C_{lat}	VA(km^2)	C_{lon}	C_{lat}	VA(km^2)
12:36	112.74	22.64	36	112.66	22.8	73
12:48	112.81	22.67	61	112.77	22.84	149
13:00	112.79	22.66	29	112.77	22.83	125
13:12	112.8	22.92	383	112.8	22.92	383

表 4-10 列出了雷暴合并后，雷暴 M 主放电中心 C 的走向和有效面积 VA，表中可以看出，最大有效面积为 503km^2，有效面积圆的半径为 12.65km。整个雷暴 M 有效面积 VA 的平均值为 258.5km^2，有效面积圆的平均半径为 9.07km，相比上一节中本地雷暴平均有效面积 49.1km^2，有效面积圆平均半径 3.865km，该过境雷暴的强度比本地雷暴要大得多。

表 4-10　　第二次过境雷暴汇合路线 M

时刻	C_{lon}	C_{lat}	VA(km^2)	VA-R(km)
13:24	112.8	22.91	425	11.63
13:36	112.98	23.05	384	11.06
13:48	113.05	23.19	425	11.63
14:00	113.08	23.15	384	11.06
14:12	113.14	23.19	102	5.70
14:24	113.25	23.19	503	12.65
14:36	113.37	23.19	440	11.83
14:48	113.39	23.43	135	6.56
15:00	113.33	23.38	79	5.01
15:12	113.45	23.46	192	7.82
15:24	113.43	23.53	191	7.80
15:36	113.43	23.63	146	6.82
平均值	—	—	258.5	9.07

表 4-11 列出了该过境雷暴路线 N 的主放电中心 C、有效面积 VA 及有效面积圆半径 VA-R。表中可以看出，雷暴 N 在 13:12 开始出现，起初雷暴强度不大，有效面积仅为 78km^2，随着雷暴 N 向北移动，有效面积 VA 也逐渐变大，于雷暴 M 重合之前最大有效面积为 219km^2。到 14:24 时与雷暴 M 重合，此时整个过境雷暴有效面积达到最大。随后向广州东部移动，雷暴有效面积逐渐减小，整个过程持续时间比雷暴 M 短，在约 15:00 后消亡。

表 4-11　　第二次过境雷暴路线 N

时刻	C_{lon}	C_{lat}	VA(km^2)	VA-R(km)
13:12	113.2	22.83	78	4.98
13:24	113.19	22.97	148	6.86
13:36	113.2	22.97	143	6.75
13:48	113.35	23.19	179	7.55
14:00	113.35	23.21	169	7.33
14:12	113.31	23.13	219	8.35
14:24	113.33	23.16	503	12.65
14:36	113.37	23.19	440	11.83
14:48	113.63	23.23	285	9.52
15:00	113.81	23.19	48	3.91
平均值	—	—	221.2	7.98

由主放电中心的坐标以及其在地图上对应的实际距离，得出雷暴的移动速度和主放电中心的移动方向。表 4-12 和表 4-13 记录了雷暴 M 的移动速度和每隔 12min 移动的距离及方向，表中可看出，雷暴 M1 移动的速度比 M2 快，两者合并后，在 14:12—14:24 时间段内速度达到最大，为 125.06km/h，雷暴 M 的平均速度为 67.81。表 4-14 记录了雷暴 N 的移动速度、每隔 12min 移动的距离

和方向，相比之下，雷暴 N 的移动速度较为缓慢，最快仅为 28.86km/h，平均速度为 14.72km/h。

表 4-12　　第二次过境雷暴 M1、M2 表征量

时刻	雷暴路线 M1			雷暴路线 M2		
	移动距离（km）	速度（km/h）	角度（°）	移动距离（km）	速度（km/h）	角度（°）
12:36	7.62	38.08	23.20	11.70	58.52	19.98
12:48	2.24	11.18	206.57	1.00	5.00	270.00
13:00	26.02	130.10	87.80	9.49	47.43	71.57
13:12	1.00	5.00	270.00	1.00	5.00	270.00

表 4-13　　第二次过境雷暴 M 表征量

时刻	移动距离（km）	速度（km/h）	角度（°）
13:24	22.80	114.02	37.87
13:36	15.65	78.26	63.43
13:48	5.00	25.00	306.87
14:00	7.21	36.06	33.69
14:12	25.01	125.06	1.27
14:24	21.51	107.53	181.33
14:36	23.55	117.74	86.35
14:48	7.81	39.05	219.81
15:00	14.42	72.11	33.69
15:12	7.28	36.40	105.95
15:24	10.00	50.00	90.00
平均值	13.56	67.81	—

表 4-14　　第二次过境雷暴 N 表征量

时刻	移动距离（km）	速度（km/h）	角度（°）
13:12	4.98	14.04	94.09
13:24	6.86	1.00	0.00
13:36	6.75	26.63	55.71
13:48	7.55	2.00	90.00
14:00	7.33	8.94	243.43
14:12	8.35	28.86	14.04
14:24	12.65	21.51	181.33
14:36	11.83	25.74	7.82
14:48	9.52	18.44	347.47
平均值	7.58	14.72	—

通过已知的每 12min 内密度图 STN 区域的主放电中心 C 的经纬度和对应的雷暴扩展有效面积 VA，因此把主放电中心 C 位置当作雷暴中心，其位置的改变来描述雷暴的运动趋势，同时，用雷暴扩展有效面积圆的半径 $VA\text{-}R$ 大小的变化表现雷暴影响范围的变化，雷暴的地域演变过程就能直观地在图中表现出来。圆圈在图上框住的区域大小则等于实际相应的雷暴扩展有效面积 VA 。经过处理后，可直观地看到雷暴地域演变过程中，雷暴中心的移动路线和整个移动过程中造成影响的地域范围。该过境雷暴有三个起始点，其中过境雷暴 M 自 12:36 开始，有两个起始点，于 13:12—13:24 时间段内重合，一起向广州北部移动，如图 4-27（a）所示；过境雷暴 N 于 13:12 开始从广州西南方向向北移动，在 14:24 时间段内于雷暴 M 重合，随后向广州东部移动，如图 4-27（b）所示。

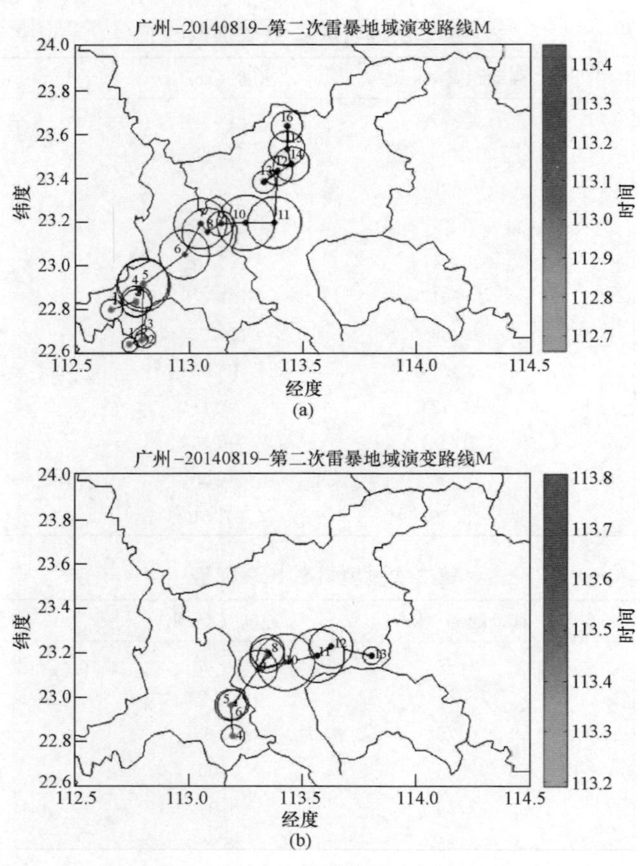

图 4-27　第二次雷暴地域演变图

5　典型雷暴活动预警分析

根据第 3 章的雷电活动预警方法，本章对广州地区 2014 年 6 月 3 日的典型普通雷暴和 2014 年 5 月 17 日的典型强雷暴分别进行预警。以 1h 全闪电定位数据为基础，跟踪雷云的移动路线以及预测雷云的走向。雷电预警区域的预测成功率有 90%以上，误报率低于 10%，漏报率也能控制在 30%以内，对于雷云中心点的确定、雷云影响范围的划定、雷云运动路线的跟踪均有较好的效果。

5.1　典型普通雷暴走向预测

2014 年 6 月 3 日广州地区发生的雷暴活动是一次比较常见、比较典型的雷暴活动，雷暴的等级适中、雷云的形状较规则、雷电分布较集中、雷电密度较小。本次雷暴持续时间为 12:00—19:00 共 7h，雷暴的发展经历了初始阶段、发展阶段、成熟阶段和消亡阶段，其中 12:00—13:00 为起始阶段，13:00—15:00 为快速发展阶段，15:00—17:00 为雷暴的成熟阶段，雷电活动高度活跃，17:00—19:00为消亡阶段。雷云的总体走向表现为自西向东，由广州地区东部和东北部发起，途经广州和广州地区发展至成熟阶段，最后于广州的正西和西南方向消亡。

在雷暴发展的不同阶段，分别应用 10km×10km 和 5km×5km 的栅格进行不同雷电集中区的划分，用 K 均值聚类算法进行雷云中心点的确定，用 Kalman 滤波算法对雷云的移动路线进行跟踪、对雷云的走向进行预测。

5.1.1　12:00—13:00 雷暴活动走向预测

图 5-1 为 12:48—12:54 时间段内的雷电聚落预测走向图，图中（1）、（2）、（3）点均为此时间段内监测到的雷电聚落。其中（1）点为新生雷电聚落，因没有足够的闪电数据作为预测基础，无法进行雷云走向的预测；（2）、（3）点具有足够的闪电数据，可以根据 12:00—12:48 时间段内的雷电分布图表进一步预测。图 5-1 中箭头表示雷电聚落的预测走向。

图 5-2 为雷电聚落预测走向图的局部放大图，图 5-2（a）为（2）点的走向预测示意图，雷云走向指向正东方向，移动速度约为 26.18km/h；图 5-2（b）为（3）点的走向预测示意图，雷云走向指向东偏北 30°，移动速度约为 49.56km/h。

本次预测图选用的是 10km×10km 的栅格进行雷电聚落的划分，从图 5-1 可以得出，对于 12:00—13:00 时间段，用 10km×10km 的栅格选取比较合适，能够清晰有效地将不同的雷电聚落进行分离并定出雷电的聚类中心，这是因为这段时间正处于雷暴活动的起始阶段，雷电活动不是很频繁，收集到的雷电数据不是很密集，雷电聚落的划分比较容易；图 5-2 的局部走向预测路线图可以发现，雷电聚落的移动在不同的阶段有不同的特点，如（2）点在预测的时间点处于回旋的状态，略微有沿路线倒退的趋势，而（1）点则处于加速前进的状态，但总体的前进方向还是保持一致的，这通过对 1h 整体数据的观测也可以得到验证。

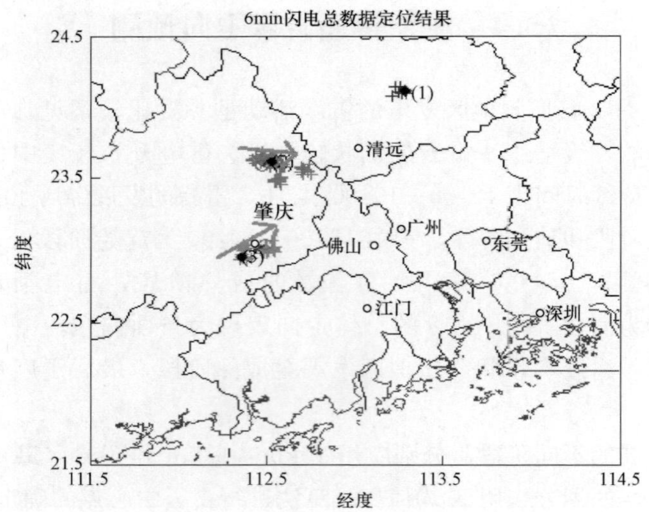

图 5-1　雷电聚落预测走向图（普通雷暴，12:00—13:00）

图 5-3 为将预测结果与实际雷电聚落输出至同一张图进行对比的结果，图中的（1）、（2）点为12：54—13:00时间段内实际收集到的闪电定位数据进行雷电聚落区分的结果，对比可以发现，在得到的预警区域内均有数量较大的雷电现象发生，（2）处的预警效果最好。对于雷暴发展的初始阶段，雷电分布具有明显的圆形簇状特征，且雷云之间的互相影响较少，雷云的移动路线比较有规律可循，预测的效果比较满意。

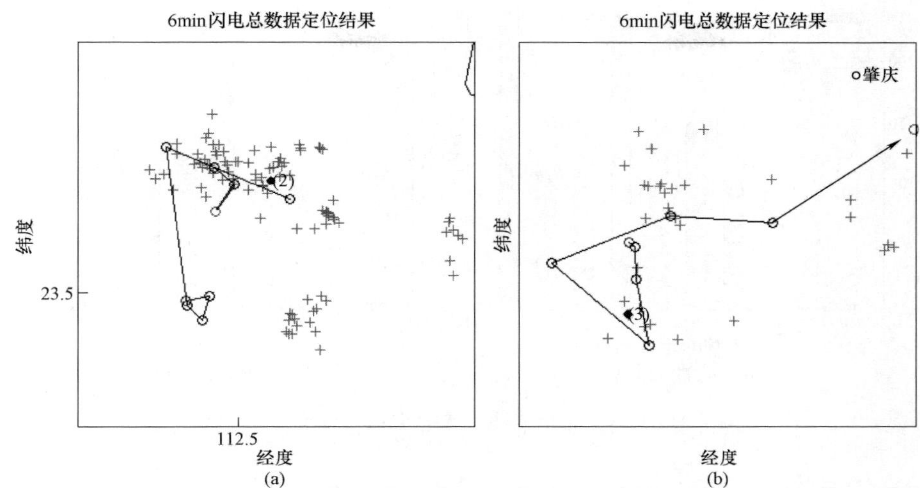

图 5-2 雷电聚落预测走向局部放大图（普通雷暴，12:00—13:00）

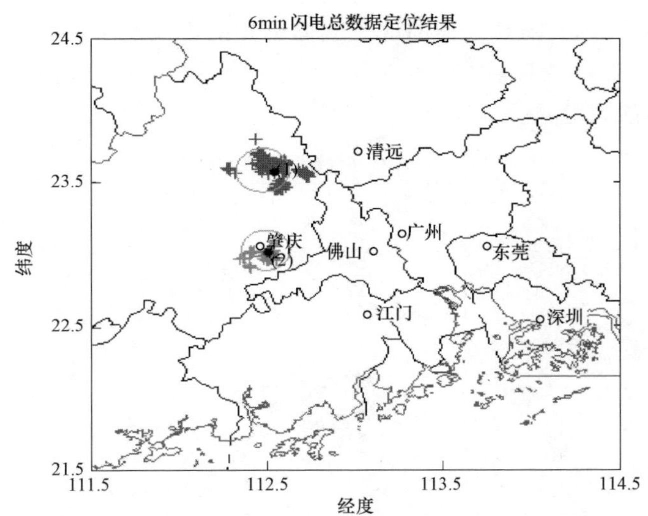

图 5-3 雷电聚落预测结果与实际雷电聚落对比图（普通雷暴，12:00—13:00）

图 5-4 为 12:00—13:00 时间段内闪电总数的折线图。从折线图可以看出，对于雷暴发展的初始阶段，云闪和地闪的数量都处于增加的趋势，从刚开始时云闪和地闪数量都接近于 0，云闪数量逐步增加，地闪数量表现出上升的趋势，这也符合雷暴发展的实际情况，雷暴刚开始产生时雷电活动频率比较低，但是随着时间的推移，雷云变得越来越活跃，雷电数量开始慢慢增加。

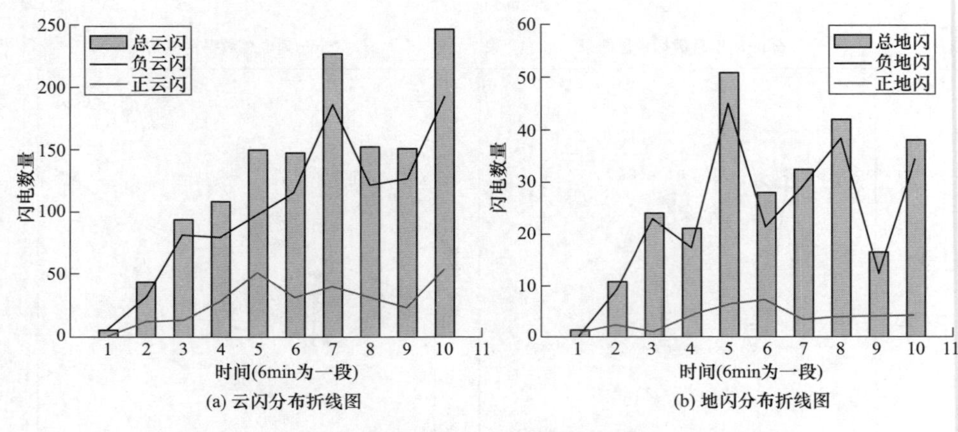

图 5-4　闪电分布折线图（普通雷暴，12:00—13:00）

5.1.2　13:00—14:00 雷暴活动走向预测

图 5-5 所示为 13：48—13：54 时间段内的雷电聚落预测走向图，图中（1）、（2）、（3）、（4）点均为此时间段内监测到的雷电聚落，具有足够的闪电数据，可以根据 12:00—12:48 时间段内的雷电分布图表进一步预测。图中箭头表示雷电聚落的预测走向。

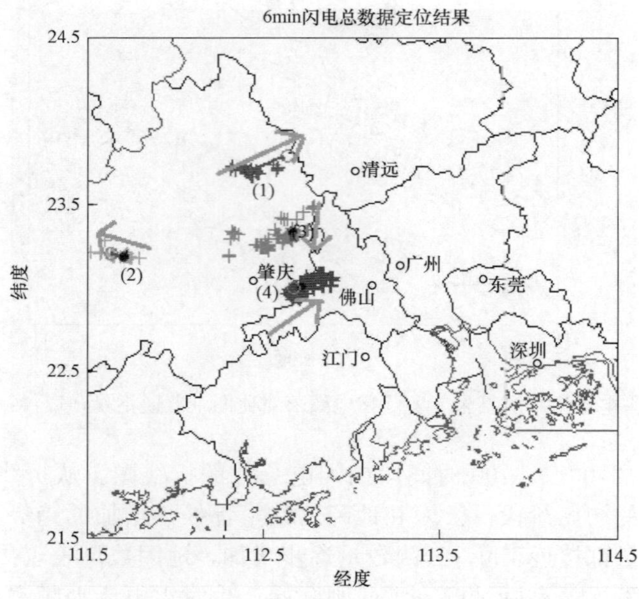

图 5-5　雷电聚落预测走向图（普通雷暴，13:00—14:00）

图 5-6 为雷电聚落预测走向图的局部放大图，图 5-6（a）为（1）点的走向预测示意图，雷云走向指向东偏北 15°，移动速度约为 155.13km/h；图 5-6（b）为（2）点的走向预测示意图，雷云走向指向西偏北 15°，移动速度约为 63.02km/h；图 5-6（c）为（3）点的走向预测示意图，雷云走向指向正南方向，移动速度约为 138.77km/h；图 5-6（d）为（4）点的走向预测示意图，雷云走向指向东偏北 15°，移动速度约为 24.90km/h。

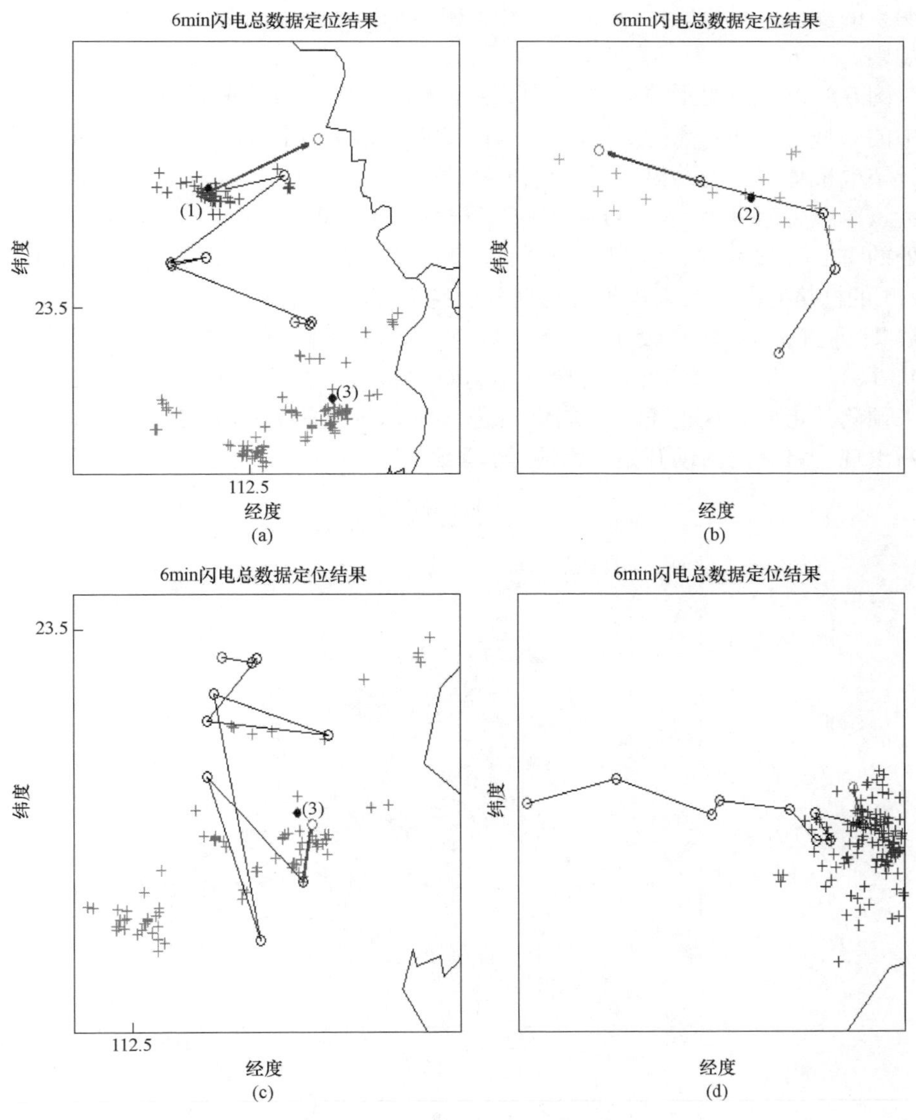

图 5-6 雷电聚落预测走向局部放大图（普通雷暴，13:00—14:00）

本次预测图选用的是 10km×10km 的栅格进行雷电聚落的划分，这是因为这段时间仍处于雷暴活动的起始与发展阶段，雷电活动不是很频繁，雷电数据不是很密集。图 5-6 的局部走向预测路线图可以发现，对于不同的雷电聚落其移动轨迹具有不同的特点，如（1）、（3）点处的雷云的移动路线比较不规则，虽然大致的走向可以保持住，但是行进过程中有明显的折返，雷电聚落的分布形状也具有明显的不规则性；相比之下，（2）、（4）处的雷云的移动路线则具有十分明显的规律，呈蜿蜒的线状，且没有明显的折返现象，雷电聚落的形状也比较规则。

图 5-7 为将预测预警区域与实际雷电聚落输出至同一张图进行对比的结果，图中的（1）～（6）点为对 13:54—14:00 时间段内实际收集到的闪电定位数据进行雷电聚落区分的结果。对比可以发现，（2）、（3）、（4）处的预测区域每均有大量雷电现象发生，（3）点处的雷云聚落为上一时刻即图 5-5 中的（3）、（4）点处的雷云合并而成，该处的雷云面积较大，雷电数据密度较大，用 10km×10km 的栅格对其进行雷电聚落的划分已经不够用，区分效果也够好，这是雷暴发展即将进入成熟阶段的一个特征——雷电数据开始变得密集；图中的（1）、（5）、（6）点的三处雷电聚落均为新生雷云，在此之前并无闪电定位数据用来预测其走向，这也雷暴发展即将进入成熟阶段的另一个特征——新生雷云不断出现，雷暴的活动开始变得频繁且剧烈。

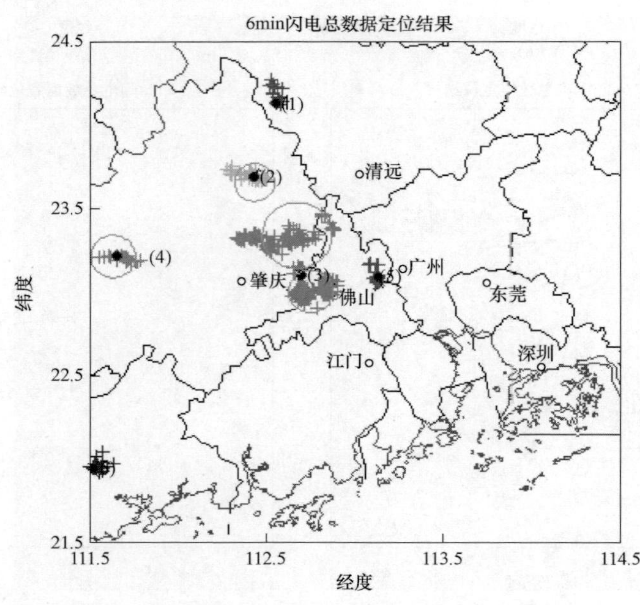

图 5-7　雷电聚落预测结果与实际雷电聚落对比图（普通雷暴，13:00—14:00）

图 5-8 为 13:00—14:00 时间段内闪电总数的分布折线图。对于雷暴的发展阶段，云闪和地闪的数量经过前一段时间的增加保持在比较高的数值，且总体仍表现出增加的趋势。

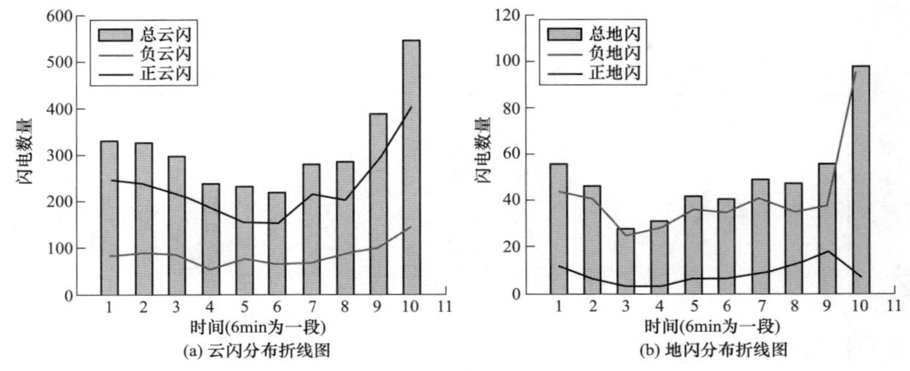

图 5-8 闪电分布折线图（普通雷暴，13:00—14:00）

5.1.3 14:00—15:00 雷暴活动走向预测

图 5-9 所示为 14:48—14:54 时间段内的雷电聚落预测走向图，图中 (1)、(2) 点均为此时间段内监测到的雷电聚落，均具有足够的闪电数据，可以根据 14:00—14:48 时间段内的雷电分布图表进一步预测。图中箭头表示雷电聚落的预测走向。

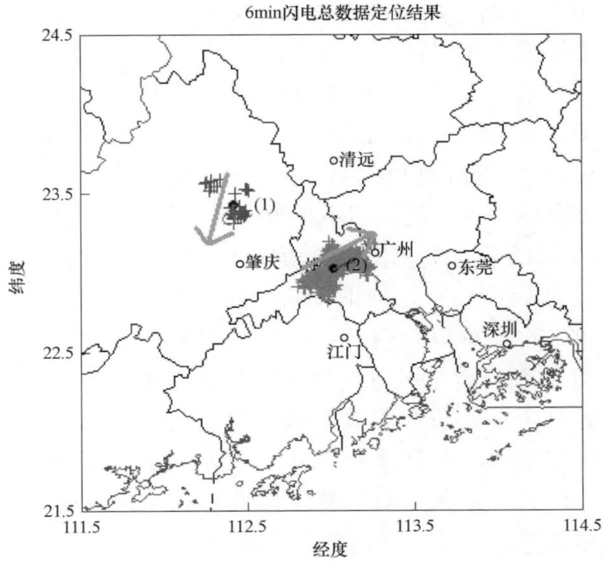

图 5-9 雷电聚落预测走向图（普通雷暴，14:00—15:00）

图 5-10 为雷电聚落预测走向图的局部放大图，图 5-10 的（a）为（1）点的走向预测示意图，雷云走向指向南偏西 15°，移动速度约为 79.62km/h；图 5-10 的（b）为（2）点的走向预测示意图，雷云走向指向东偏北 25°，移动速度约为 51.83km/h。

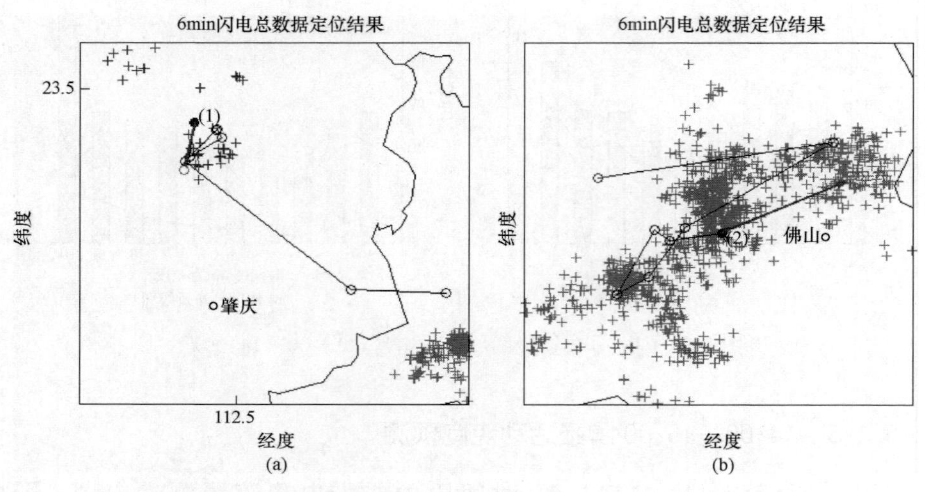

图 5-10　雷电聚落预测走向局部放大图（普通雷暴，14:00—15:00）

本次预测图选用的是 10km×10km 的栅格进行雷电聚落的划分，仅从图 5-9 来看，对于 14:00—15:00 这个时间段，使用 10km×10km 的区分栅格效果还算不错，但是通过图 5-10 的局部放大图可以发现，10km×10km 的栅格大小已经有些不太适用，已经无法完成对（2）处雷电聚落内部的雷电数据的细分，但是由于本时间段的雷电数据具有十分明显的簇状聚集特点，且雷云的移动范围比较小，因而使用 10km×10km 的栅格进行区分时仍能得到比较理想的预测效果。(1) 处的雷云经过明显的位移后处于短暂停留的状态，(2) 处的雷云面积比较大，雷电密度也较大，但是位移不是很明显，处于折返运动状态。

图 5-11 为将预测结果与实际雷电聚落输出至同一张图进行对比的结果，图中的（1）、(2) 点为 14:54—15:00 时间段内实际收集到的闪电定位数据进行雷电聚落区分的结果。对比可以发现，在得到的预警区域内均有数量较大的雷电现象发生，(1) 处的预警效果最好。当前时刻正处于雷暴发展进入成熟阶段的过渡时期或者已经处于成熟阶段但是不够明显，雷电数据密集，雷云之间的碰撞、合并等活动比较剧烈，因而对于（2）处面积较大、活动较剧烈、位移不明显的雷电聚落的走向预测效果不够理想，因此在接下来的时间段拟采用更加精细的栅格对雷电聚落进行区分，以达到最佳的预测效果。

图 5-12 为 14:00—15:00 时间段内闪电总数的分布折线图。对于了雷暴的快

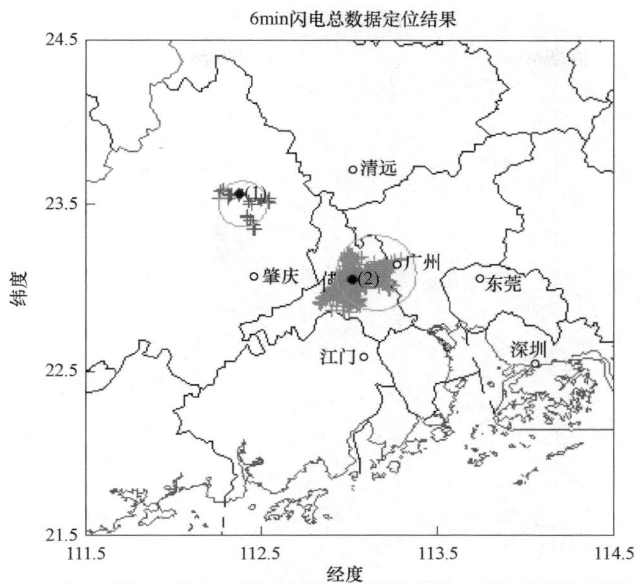

图 5-11 雷电聚落预测结果与实际雷电聚落对比图（普通雷暴，14:00—15:00）

速发展阶段，云闪地闪的数量保持在更高的数值，雷电活动更加频繁，虽然存在波折，云闪和地闪的总数仍表现出缓慢上升的趋势。

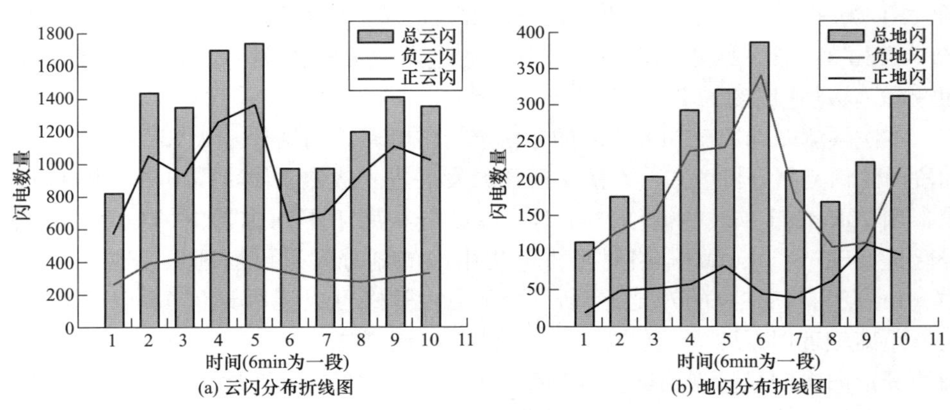

图 5-12 闪电分布折线图（普通雷暴，14:00—15:00）

5.1.4 15:00—16:00 雷暴活动走向预测

图 5-13 所示为 15:48—15:54 时间段内的雷电聚落预测走向图，图中（1）、（2）、（3）点均为此时间段内监测到的雷电聚落，可以根据 15:00—15:48 时间段内的雷电分布图表进一步预测。图中箭头表示雷电聚落的预测走向。

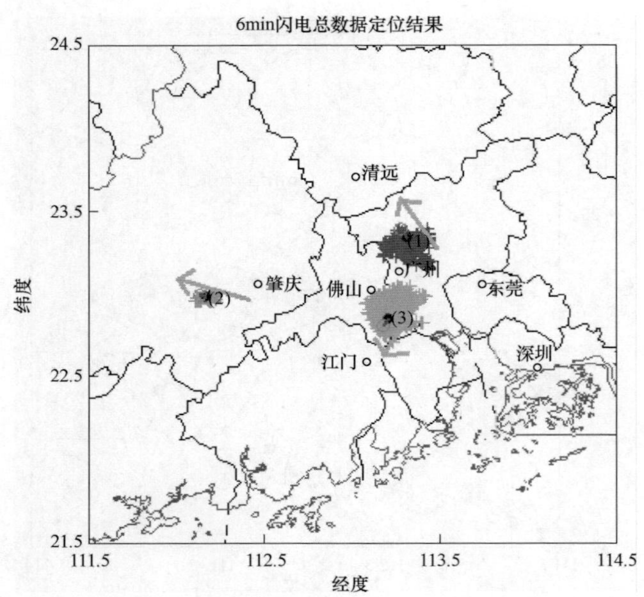

图 5-13　雷电聚落预测走向图（普通雷暴，15：00—16：00）

图 5-14 为雷电聚落预测走向图的局部放大图，图 5-14 的（a）为（1）点的走向预测示意图，雷云走向指向北偏西 30°，移动速度约为 80.03km/h；图 5-14 的（b）为（2）点的走向预测示意图，雷云走向指向西偏北 20°，移动速度约为 40.76km/h；图 5-14 的（c）为（3）点的走向预测示意图，雷云走向指向南偏西 35°，移动速度约为 21.10km/h。

本次预测图选用 5km×5km 的栅格进行雷电聚落的划分，从 13：00—15：00 时间段内的预测图分析可知，本次雷暴已经发展进入成熟阶段，雷电的密度明显增大，用 10km×10km 的栅格已经不足以区分从属于不同雷云的闪电定位数据，经验证，5km×5km 的栅格对于雷电集中区的划分效果更加理想。通过图 5-14 中（1）点和（3）点的对比，5km×5km 的栅格可以清晰地区分（1）和（3）两处距离较近但是明显不是同一雷电聚落的雷电数据，而且经过 Kalman 算法的预测其走向也明显呈现出分离的趋势；（2）处的雷电聚落是上一时刻产生的新生风暴，可用于雷云走向预测的数据不多，只能进行简单的方位估计，缺乏足够的数据用于路线和方位的进一步优化。

图 5-15 为将预测结果与实际雷电聚落输出至同一张图进行对比的结果，图中的（1）、（2）、（3）点为 15：54—16：00 时间段内实际收集到的闪电定位数据进行雷电聚落区分的结果。与图 5-11 相比，本图的预测效果基本上实现了零误报和零漏报，对新的雷电聚落的聚落中心的预测也比较完美，与图 5-13 相对比，新的雷云（1）和（3）确实表现出相分离的趋势，从图中看可能觉得预警

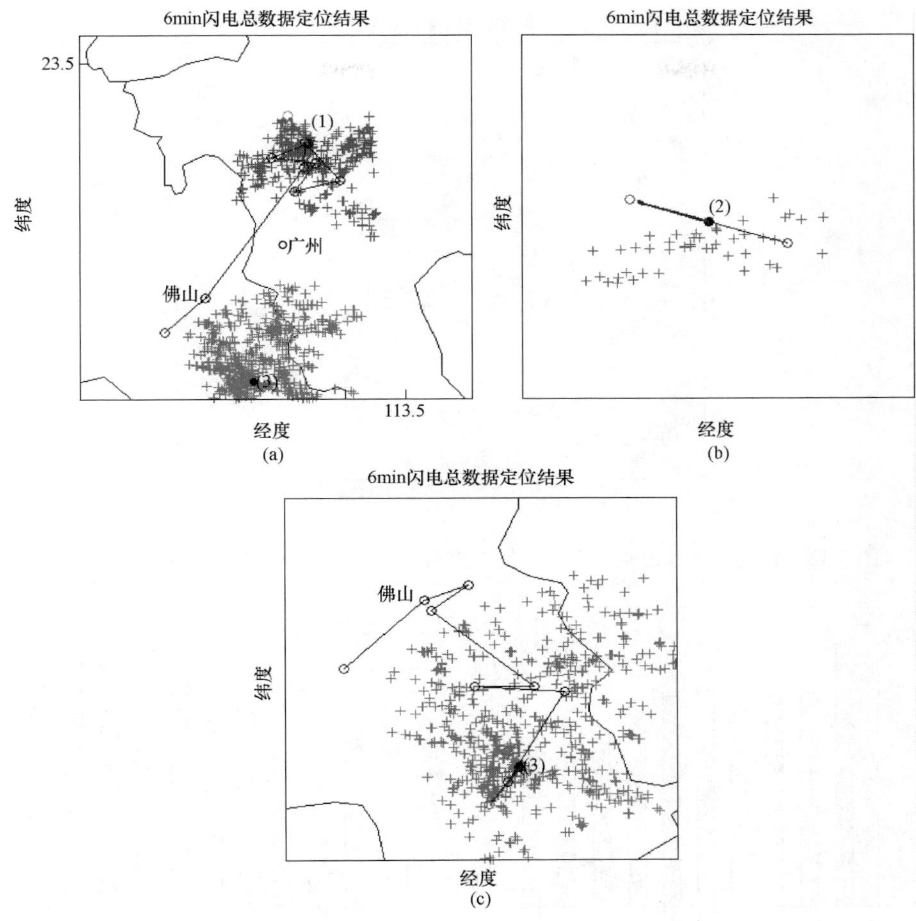

图 5-14 雷电聚落预测走向局部放大图（普通雷暴，15:00—16:00）

区域的面积略大于雷云聚落的面积，实际上不然，预警区域的面积一定程度上与雷暴的预警等级相关联，其确定方式是沿用上一时刻监测到的所有从属于本雷电聚落的闪电数据所占据的面积之和，而图中所标记处的雷电聚落是经过算法对聚落边缘闪电数据进行过滤后的结果，目的是使雷电聚落的边缘更清晰、易观察，并非雷云的实际影响范围，因此本次的雷电预警基本算是很成功的一次。

图 5-16 是 15:00—16:00 时间段内闪电总数的分布折线图。此时雷暴处于活动的成熟阶段，通过对比图 5-12 可以发现，云闪和地闪的总数均保持在一个比较大的数值，虽然云闪略有下降，但是仍有每 6min 1000 次的高频率，地闪的频率也明显高于上一时刻，基本维持在每 6min 400 次左右，这也可以反映雷暴活动的剧烈程度。

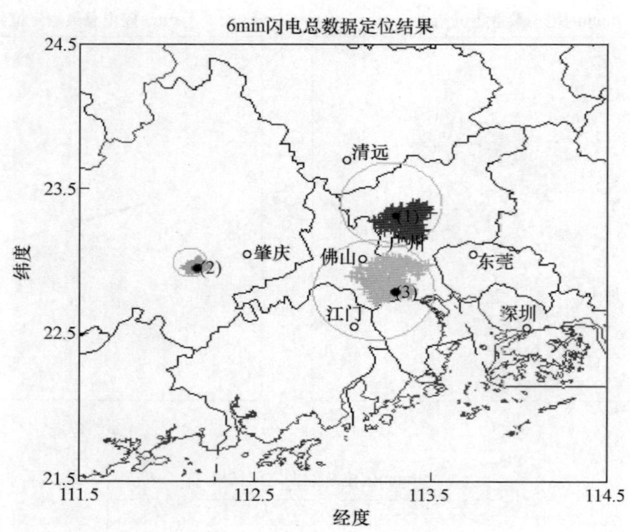

图 5-15　雷电聚落预测结果与实际雷电聚落对比图（普通雷暴，15:00—16:00）

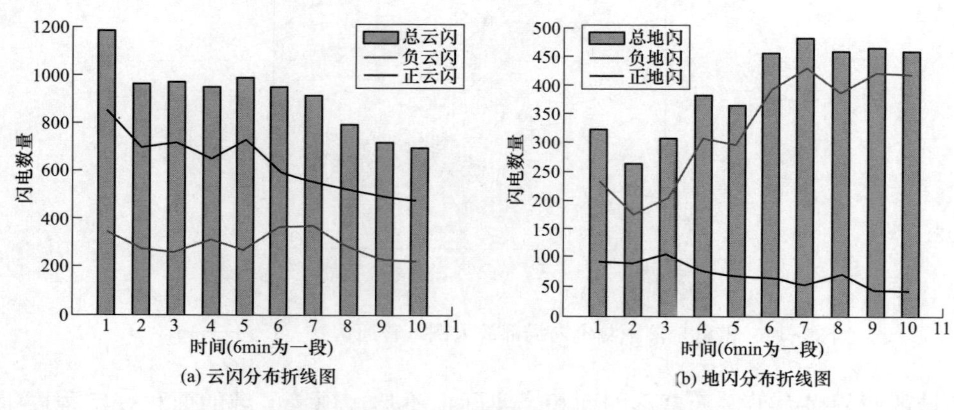

图 5-16　闪电分布折线图（普通雷暴，15:00—16:00）

5.1.5　16:00—17:00 雷暴活动走向预测

图 5-17 所示为 16:48—16:54 时间段内的雷电聚落走向预测图，图中（1）～（5）点均为此时间段内监测到的雷电聚落，可以根据 16:00—16:48 时间段内的雷电分布图表进一步预测。图中箭头表示雷电聚落的预测走向。

图 5-18 为雷电聚落预测走向图的局部放大图，图 5-18（a）为（1）点的走向预测示意图，雷云走向指向正东方向，移动速度约为 48.34km/h；图 5-18（b）为（2）点的走向预测示意图，雷云走向指向东南方向，移动速度约为 64.95km/h；图 5-18（c）为（3）点的走向预测示意图，雷云走向指向西偏北

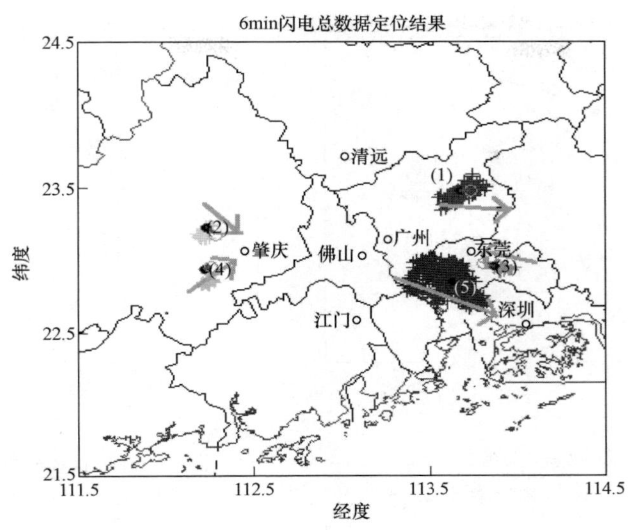

图 5-17　雷电聚落预测走向图（普通雷暴，16:00—17:00）

15°，移动速度约为 65.68km/h；图 5-18（d）为（4）点的走向预测示意图，雷云走向指向东偏北 35°，移动速度约为 84.55km/h；图 5-18（e）为（5）点的走向预测示意图，雷云走向指向东偏南 30°，移动速度约为 127.66km/h。

此时处于雷暴发展的成熟阶段，雷云密集、闪电数据密度大。图中除了（3）点为上一时刻的新生风暴，可用于走向预测的数据不多外，（1）、（2）、（4）、（5）点均有足够的闪电数据用于雷云走向的预测和优化，其中，（1）、（2）、（5）点的雷云行进路线比较明确，前进方向大致保持一致，便于预测，而（4）点处雷云的移动路线较为无序，出现了明显的折返，可能对其前进路线的预测有一定的困难，但由于其移动的范围较小，移动速度较慢，因而预测的误差可以得到有效控制。

图 5-19 为将预测结果与实际雷电聚落输出至同一张图进行对比的结果，图中的（1）～（3）点为 16：54—17：00 时间段内实际收集到的闪电定位数据进行雷电聚落区分的结果。（1）、（4）、（5）处的预警区域基本满足要求，图中（2）、（3）的两处雷电聚落为新分裂产生的雷电聚落，由图 5-17 中（2）处的雷电聚落分裂产生，（4）、（5）两处的雷电聚落有合并的倾向，对于雷云的分裂与合并，在雷云走向预测中也需要考虑进去，一般来讲，刚分裂产生的雷云与之前时刻预测的雷云走向变化不大，可以通过扩大雷云预警面积的方式将新分裂的雷云进行覆盖，而后的预测则按照新的雷电聚落分布图分别进行，雷云的合并则比较简单，将不同的雷电预警区域进行合并即可。

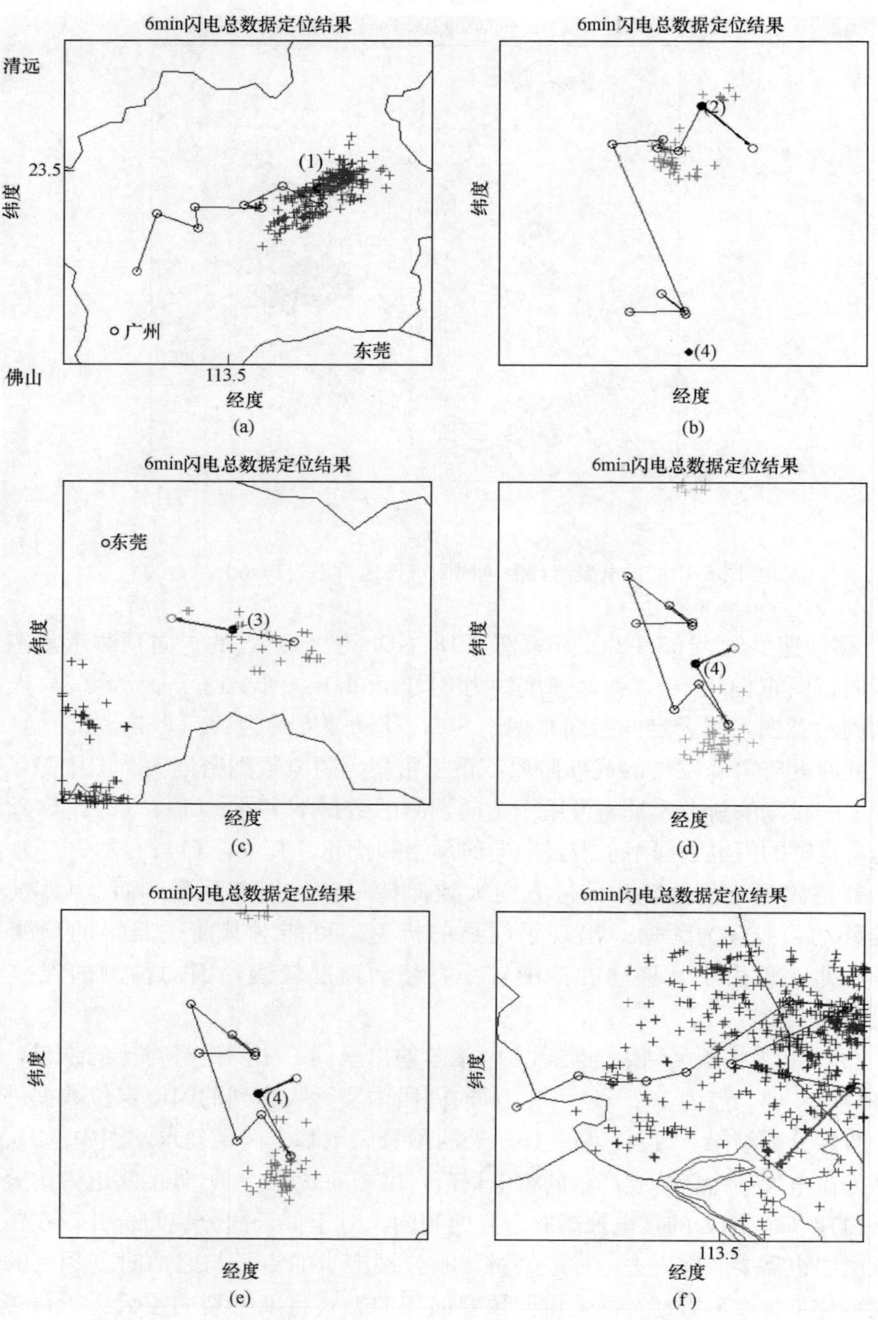

图 5-18　雷电聚落预测走向局部放大图（普通雷暴，16:00—17:00）

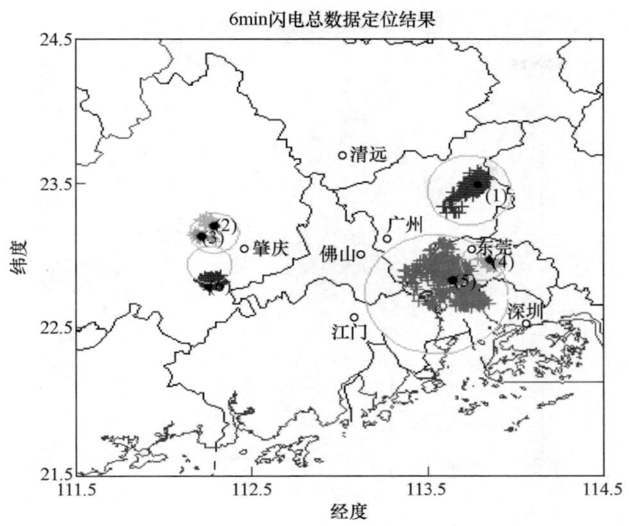

图 5-19　雷电聚落预测结果与实际雷电聚落对比图（普通雷暴，16:00—17:00）

图 5-20 为 16:00—17:00 时间段内闪电总数的折线图，此时仍是雷暴发展的成熟阶段，云闪和地闪的总数仍保持在很高的数值，揭示着雷暴活动的剧烈程度。

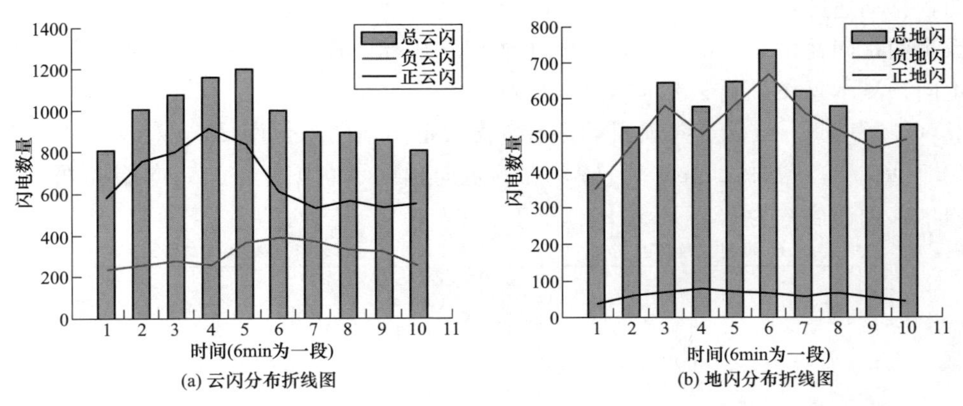

图 5-20　闪电分布折线图（普通雷暴，16:00—17:00）

5.1.6　17:00—18:00 雷暴活动走向预测

图 5-21 所示为 17:48—17:54 时间段内的雷电聚落走向预测图，图中（1）～（9）点均为此时间段内监测到的雷电聚落，可以根据 17:00—17:48 时间段内的雷电分布图表进一步预测。图中箭头表示雷电聚落的预测走向。

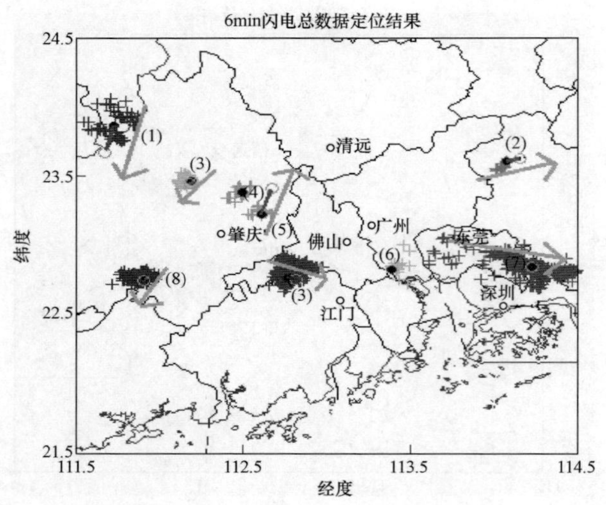

图 5-21　雷电聚落预测走向图（普通雷暴，17:00—18:00）

图 5-22 为雷电聚落预测走向图的局部放大图，图 5-22（a）为（1）点的走向预测示意图，雷云走向指向南偏西 10°，移动速度约为 126.15km/h；图 5-22（b）为（2）点的走向预测示意图，雷云走向指向西偏北 10°，移动速度约为 169.69km/h；图 5-22（c）为（3）点的走向预测示意图，雷云走向指向西南方向，移动速度约为 42.89km/h；图 5-22（d）为（5）点的走向预测示意图，雷云走向指向北偏东 35°，移动速度约为 125.26km/h；图 5-22（e）为（7）点的走向预测示意图，雷云走向指向东偏南 10°，移动速度约为 36.07km/h；图 5-22（f）为（8）点的走向预测示意图，雷云走向指向东偏南 20°，移动速度约为 40.12km/h；图 5-22（g）为（9）点的走向预测示意图，雷云走向指向西南方向，移动速度约为 92.71km/h。

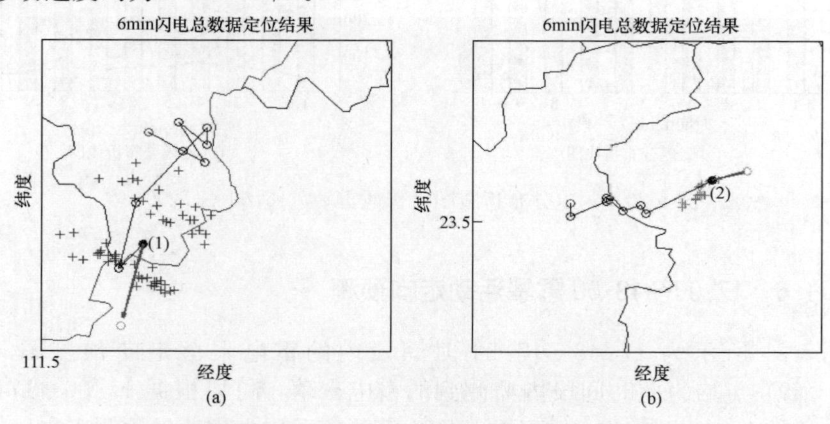

图 5-22　雷电聚落预测走向局部放大图（普通雷暴，17:00—18:00）（一）

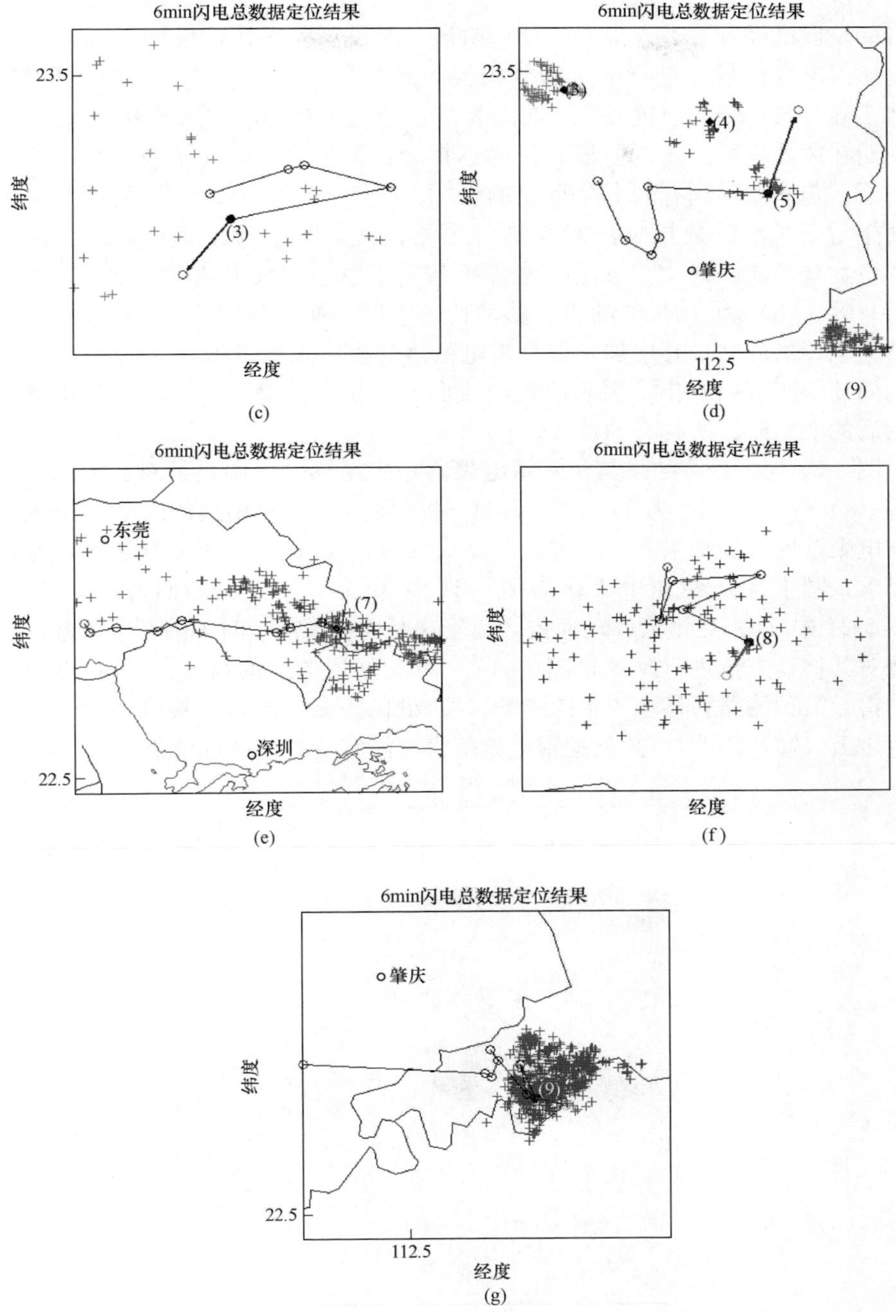

图 5-22 雷电聚落预测走向局部放大图（普通雷暴，17:00—18:00）（二）

本次预测图选用的依然是 10km×10km 的栅格进行雷电聚落的划分，此时雷暴的发展已经开始进入最后的结束阶段，经过试验对比，选用 5km×5km 的栅格对闪电定位数据进行筛选和分类会导致聚落的分布过于分散且不够准确，不能正确反映雷云的前进方向，而 10km×10km 的栅格的筛选和划分效果更好，这说明在风暴发展的不同阶段，正确选择合适的栅格大小对于更加精确有效地进行雷云走向的预测有着十分重要的作用。图 5-21（4）和（6）处的雷电聚落为新生雷云，缺乏数据无法对其进行预测；其余各点均具有足够数据进行预测，(1)、(2)、(5)、(7)、(9) 处雷电聚落的移动路线成线性，方向基本始终保持一致，(3) 和 (8) 处的雷云移动比较无序。通过与图 5-17 对比可以发现，虽然雷电聚落的数量有增加，但是雷电聚落的密度大大降低，且从图 5-21 的雷云走向预测图可以看出，雷云的走向成向四周扩散的趋势，这些都是雷暴发展到最后的消亡阶段所具有的特征。

图 5-23 为将预测结果与实际雷电聚落输出至同一张图进行对比的结果，图中的（1）～（10）点为 17:54—18:00 时间段内实际收集到的闪电定位数据进行雷电聚落区分的结果。(1)、(3)、(5)、(6)、(8)、(9) 处的预警区域基本满足要求；图中（4）处雷电聚落为图 5-21 中（4）处雷云移动而得，图中（11）为图 5-21 中（6）处雷云移动而得，由于这两处均为前一时刻的新生风暴，因而无法对其移动方位进行预测；图中（7）为新分裂产生的雷云，图 5-21 中（8）处的雷云沿预测路径移动产生图中的（9）处的雷云，同时不规则地分裂产生了新生雷云（7），因此（7）处的雷电聚落没有能够及时地进行预警。

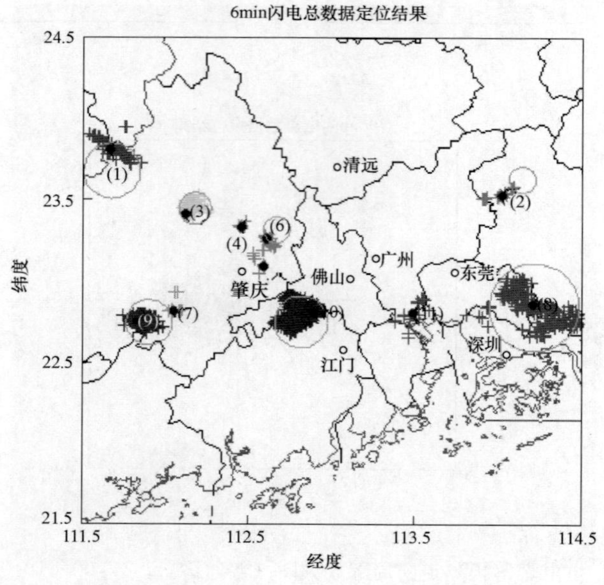

图 5-23　雷电聚落预测结果与实际雷电聚落对比图（普通雷暴，17:00—18:00）

图 5-24 为 17:00—18:00 时间段内闪电总数的分布折线图，此时雷暴发展开始进入消亡阶段，虽然云闪还是保持在较高数值，地闪数量已经明显表现出下降的趋势。

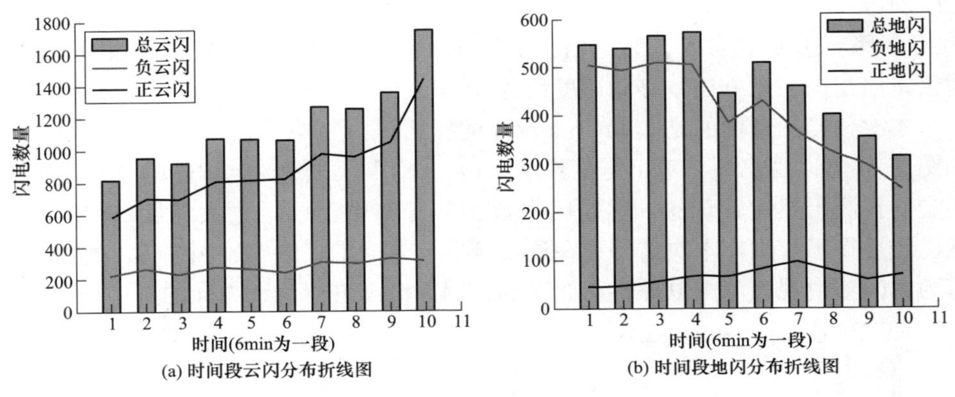

图 5-24　闪电分布折线图（普通雷暴，17:00—18:00）

5.1.7　18:00—19:00 雷暴活动走向预测

图 5-25 所示为 18:48—18:54 时间段内的雷电聚落预测走向图，图中（1）～（5）点均为此时间段内监测到的雷电聚落，可以根据 18:00—18:48 时间段内的雷电分布图表进一步预测。图中箭头表示雷电聚落的预测走向。

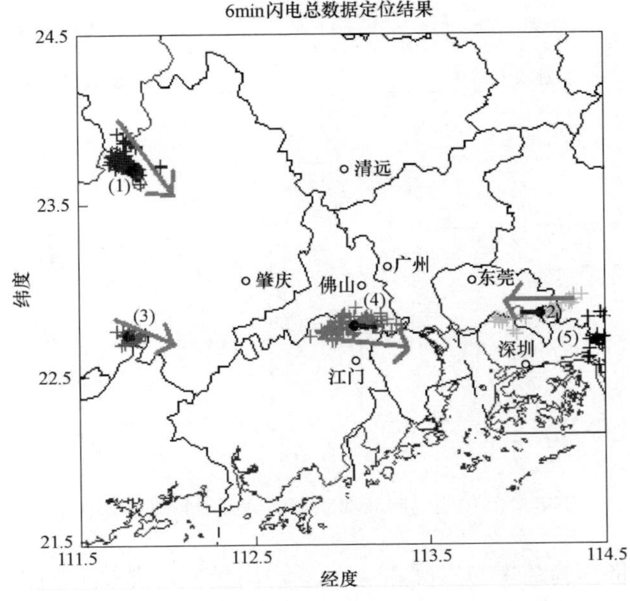

图 5-25　雷电聚落预测走向图（普通雷暴，18:00—19:00）

图 5-26 为雷电聚落预测走向图的局部放大图，图 5-26（a）为（1）点的走向预测示意图，雷云走向指向东南方向，移动速度约为 22.57km/h；图 5-26（b）为（2）点的走向预测示意图，雷云走向指向正西方向，移动速度约为 126.24km/h；图 5-26（c）为（3）点的走向预测示意图，雷云走向指向东偏南 20 度，移动速度约为 8.21km/h；图 5-26（d）为（4）点的走向预测示意图，雷云走向指向正东方向，移动速度约为 56.35km/h。

本次预测图选用的是 10km×10km 的栅格进行雷电聚落的划分，从图 5-25 和图 5-26 可以观察到，对于雷电聚落（1）～（4）虽然雷电聚落的划分、雷云的走向预测仍然比较理想，但是闪电数据的分布密度已经大大降低，雷云的形状已经变得不规则，本次雷暴正在逐步减弱，走向消亡图 5-25 中（5）处雷云聚落为本时刻由观测范围以外移动而来的，因而没有进行移动方向的进一步预测。

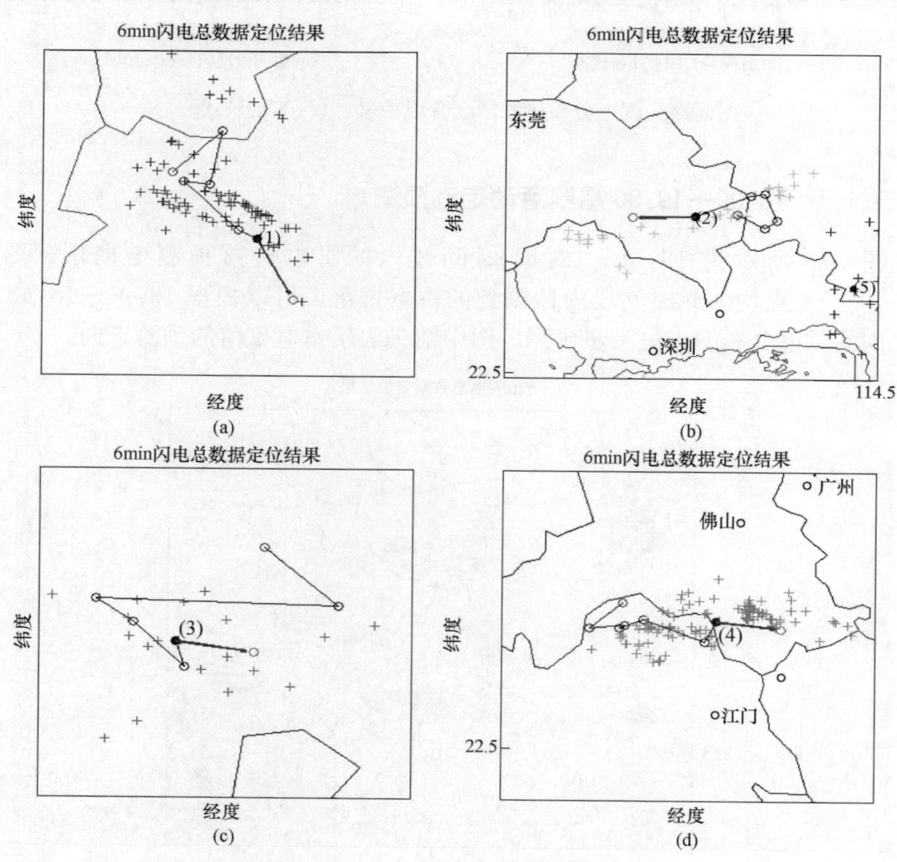

图 5-26　雷电聚落预测走向局部放大图（普通雷暴，18:00—19:00）

图 5-27 为将预测结果与实际雷电聚落输出至同一张图进行对比的结果，图

中的（1）～（4）点为18:54—19:00时间段内实际收集到的闪电定位数据进行雷电聚落区分的结果。预测效果比较理想。因为是雷暴发展的最后消亡阶段，雷云的影响面积进一步缩小，雷云数量也正逐渐减小。

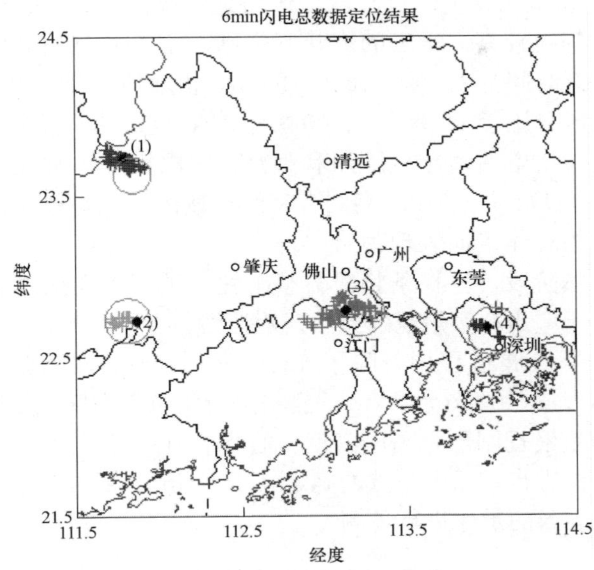

图5-27 雷电聚落预测结果与实际雷电聚落对比图（普通雷暴，18:00—19:00）

图5-28为18:00—19:00时间段内闪电总数的分布折线图，图中明显可以看出雷暴活动正在快速消亡，无论是云闪还是地闪的数量都在迅速地减少，云闪数量从高峰时期的每6min 1500次迅速降至几乎为零，地闪数量也从峰值每6min 500次迅速降至零，此时也标志着此次雷暴活动的正式结束。

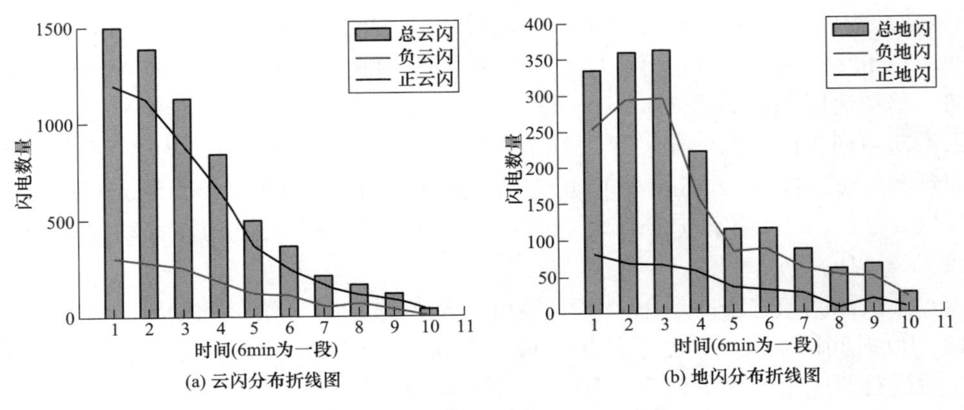

图5-28 闪电分布折线图（普通雷暴，18:00—19:00）

5.2 典型强雷暴走向预测

5月17日广州地区发生的这次雷暴活动是一次比较罕见、比较典型的强雷暴活动，雷暴的等级较高、雷云的形状不规则、雷电分布较分散、雷电密度较大。本次雷暴持续时间为12:00—18:00共6h，雷暴的发展过程比较迅速，从初始阶段到成熟阶段只用了12:00—13:00短短1h，且成熟阶段持续时间较长，在整个成熟阶段内，雷电活动十分剧烈和频繁，闪电密度非常大，雷云的影响范围也十分广泛，于17:00—18:00期间有突然迅速的消亡，整个雷暴的发展过程比较独特。雷云的总体走向表现为自北向南，由广州地区北部开始产生，迅速扩展开来进入成熟阶段，呈长条状覆盖整个北部地区并向南发展，途经清远和肇庆地区，最后于广州和广州地区突然开始消亡。

在本次强雷暴发展过程中，除了12:00—13:00的初始阶段应用10km×10km的栅格外，均采用5km×5km的栅格进行雷电集中区的划分，因为对于强雷暴其雷电活动频繁且剧烈，闪电密度一直保持在一个比较高的值，而后仍用K-means聚类算法进行雷云中心点的确定，用Kalman滤波算法对雷云的移动路线进行跟踪、对雷云的走向进行预测。

5.2.1 12：00—13：00雷暴活动走向预测

图5-29所示为12:48—12:54时间段内的雷电聚落走向预测图，图中（1）～（6）点均为此时间段内监测到的雷电聚落，可以根据12：00—12：48时间段内的雷电分布图表进一步预测。图中箭头表示雷电聚落的预测走向。

图5-30为雷电聚落预测走向图的局部放大图，图5-30（a）为（1）点的走向预测示意图，雷云走向指向西偏南20°，移动速度约为87.78km/h；图5-30（b）为（2）点的走向预测示意图，雷云走向指向东偏北25°，移动速度约为36.71km/h；图5-30（c）为（3）点的走向预测示意图，雷云走向指向东北方向，移动速度约为152.48km/h；图5-30（d）为（4）点的走向预测示意图，雷云走向指向正南方向，移动速度约为56.43km/h；图5-30（e）为（5）点的走向预测示意图，雷云走向指向正东方向，移动速度约为103.36km/h；图5-30（f）为（6）点的走向预测示意图，雷云走向指向东北方向，移动速度约为20.22km/h。

本次预测图选用的是10km×10km的栅格进行雷电聚落的划分，12：00—13：00时间段本次雷暴处于初始阶段，根据之前试验得出的结论，对雷暴初始阶段进行雷电集中区的划分，10km×10km的栅格是比较合适的，通过观察图5-29的区分效果，也可以证明是比较理想的。虽然是雷暴的初始阶段，闪电数据的密度和雷电聚落的数量与6月3日发生的雷暴相比有明显的增加，说明这次雷暴的等级要高于 6 月 3 日发生的雷暴。对于图 5-29 中（1）、（2）、（5）、（6）几处雷电聚落的走向预测路线比较规则，预测效果比较可靠，而（3）、（4）两处的雷电聚落行进路线比较曲折，只能够保证其大致的走向。

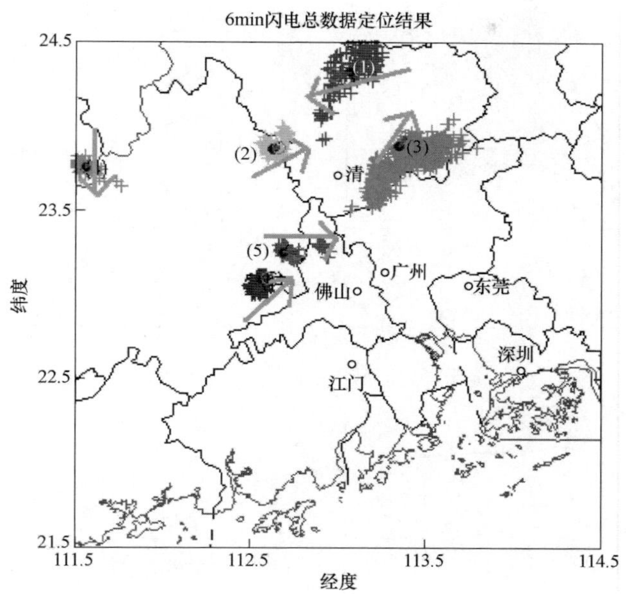

图 5-29　雷电聚落预测走向图（强雷暴，12:00—13:00）

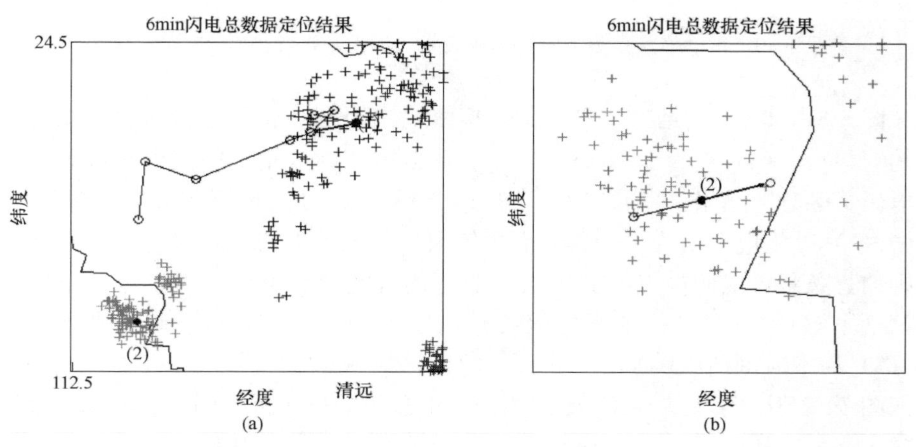

图 5-30　雷电聚落预测走向局部放大图（强雷暴，12:00—13:00）（一）

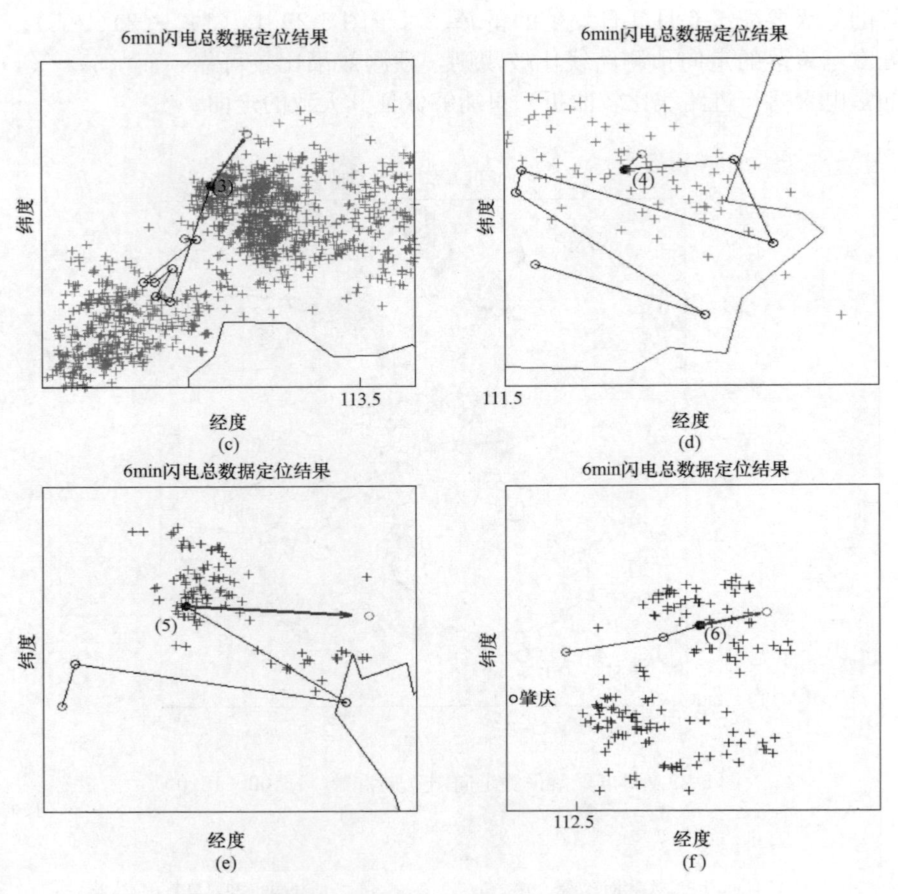

图 5-30　雷电聚落预测走向局部放大图（强雷暴，12:00—13:00）（二）

图 5-31 为将预测结果与实际雷电聚落输出至同一张图进行对比的结果，图中的（1）～（8）点为 12:54—13:00 时间段内实际收集到的闪电定位数据进行雷电聚落区分的结果。(1)、(3)、(4)、(5)、(7) 处的预警区域基本满足要求；图中（3）处雷电聚落为由于雷云面积较大、闪电数据密度较大且雷云形状呈不规则的长条状，因此虽然对其雷云中心点的预测比较准确，对其影响范围的预测精度不够；图中（6）处雷电聚落是由图 4.29 中（5）雷云新分裂产生；图中（8）为本时刻新生风暴。

图 5-32 为 12:00—13:00 时间段内闪电总数的分布折线图，当前时间段属于本次雷暴的起始阶段，云闪和地闪的数量具有明显的上升趋势，云闪数量由起始的每由 min 于 600 次上升至最高每 6min 1800 次；地闪数量由每 6min 150 次增加至每 6min 450 次。由于本次雷暴属于强雷暴，发展很迅速，1h 内云闪和地闪的数量就发展到了比较高的数值。

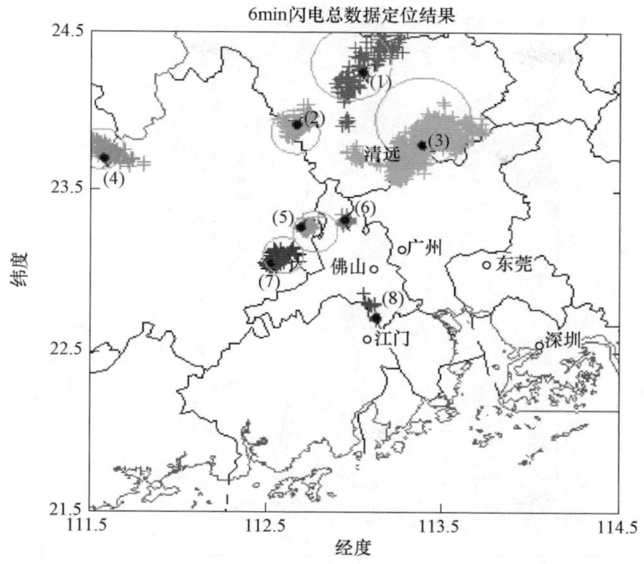

图 5-31 雷电聚落预测结果与实际雷电聚落对比图（强雷暴，12:00—13:00）

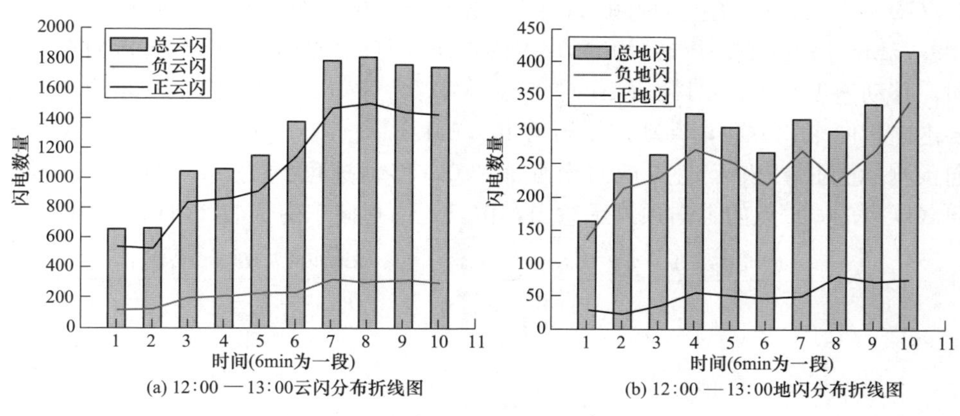

图 5-32 闪电分布折线图（强雷暴，12:00—13:00）

5.2.2 13:00—14:00 雷暴活动走向预测

图 5-33 所示为 13：48—13：54 时间段内的雷电聚落走向预测图，图中（1）～（10）点均为此时间段内监测到的雷电聚落，可以根据 13:00—13:48 时间段内的雷电分布图表进行下一步预测。图中箭头表示雷电聚落的预测走向。

图 5-34 为雷电聚落预测走向图的局部放大图，图 5-34（a）为（1）点的走向预测示意图，雷云走向指向东南方向，移动速度约为 80.36km/h；图 5-

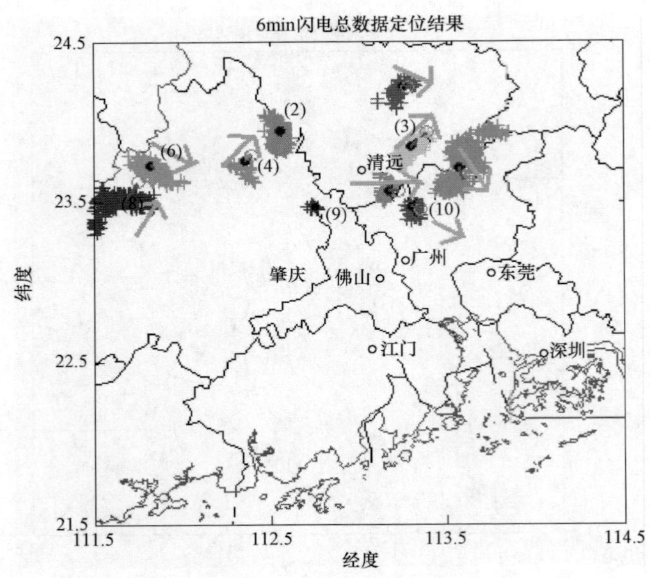

图 5-33 雷电聚落预测走向图（强雷暴，13:00—14:00）

34（b）为（2）点的走向预测示意图，雷云走向指向东北方向，移动速度约为 109.75km/h；图 5-34（c）为（3）点的走向预测示意图，雷云走向指向东北方向，移动速度约为 73.14km/h；图 5-34（d）为（4）点的走向预测示意图，雷云走向指向东北方向，移动速度约为 114.14km/h；图 5-34（e）为（5）点的走向预测示意图，雷云走向指向南偏东 30°，移动速度约为 27.09km/h；图 5-34（f）为（6）点的走向预测示意图，雷云走向指向东南方向，移动速度约为

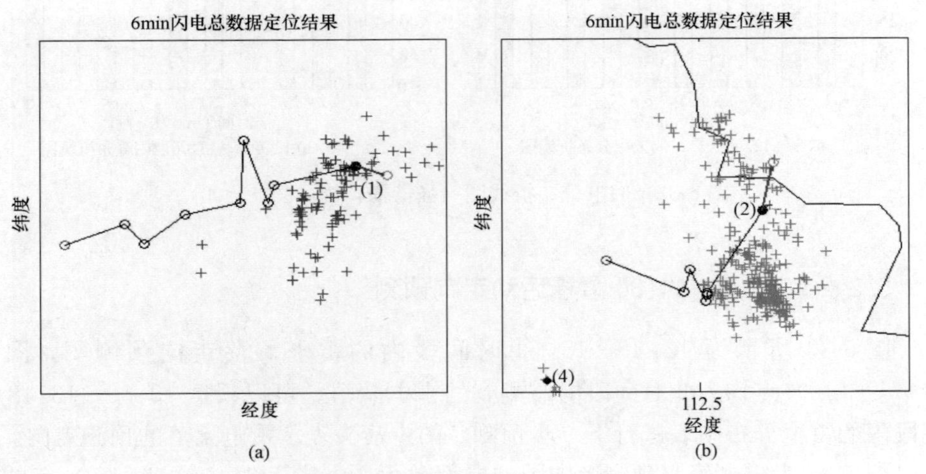

图 5-34 雷电聚落预测走向局部放大图（强雷暴，13:00—14:00）（一）

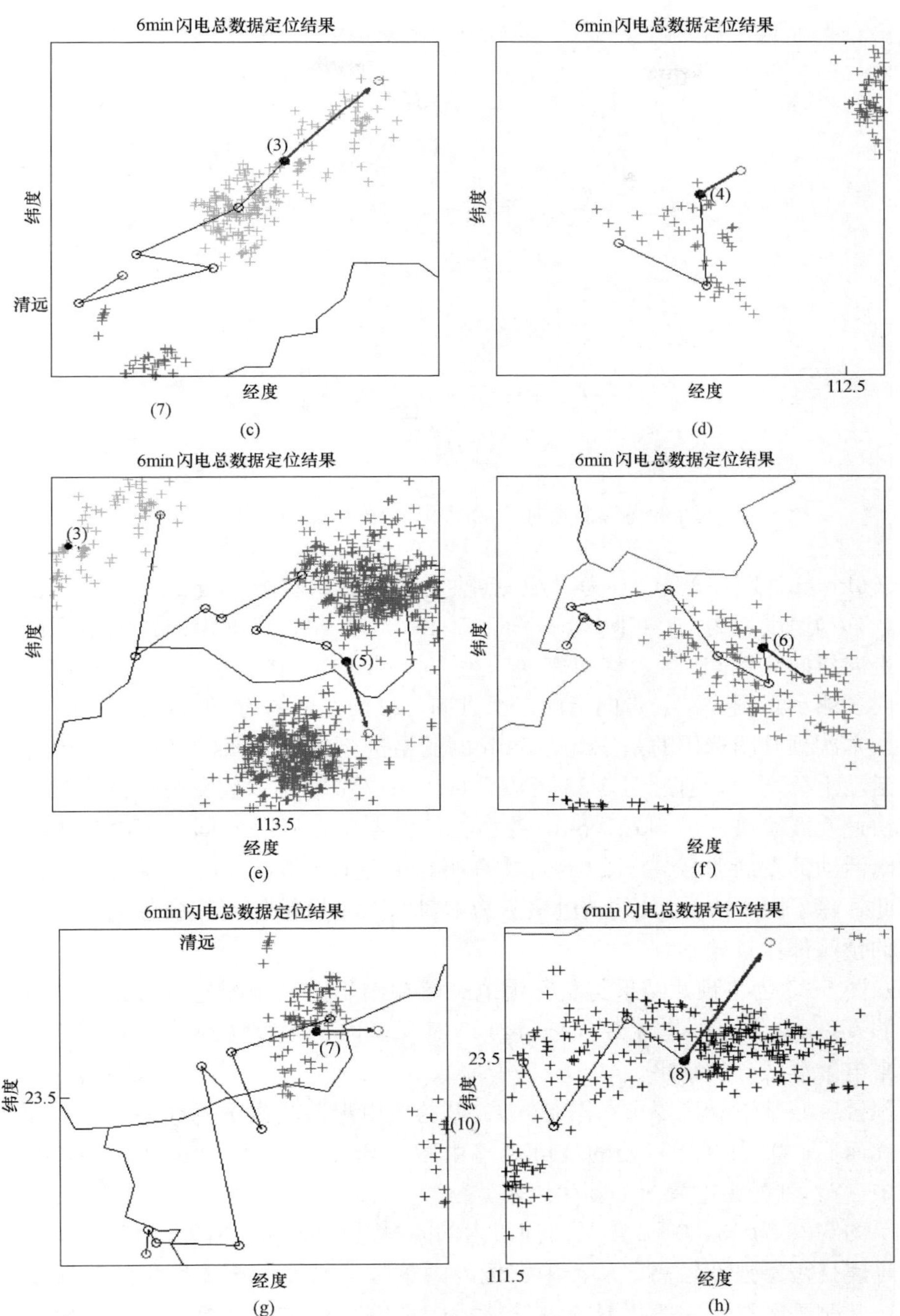

图 5-34　雷电聚落预测走向局部放大图（强雷暴，13:00—14:00）（二）

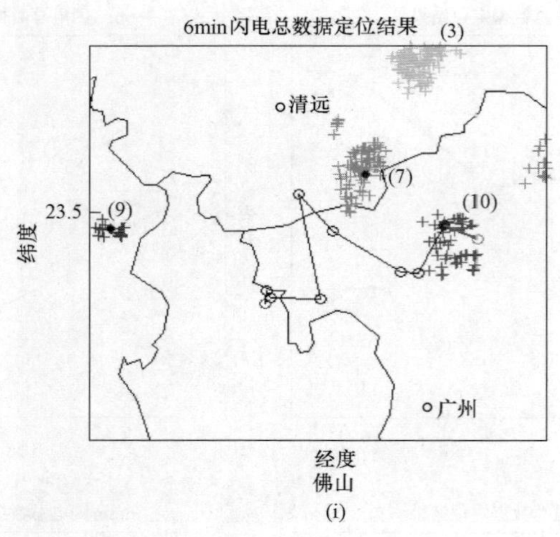

图 5-34　雷电聚落预测走向局部放大图（强雷暴，13:00—14:00）（三）

45.06km/h；图 5-34（g）为（7）点的走向预测示意图，雷云走向指向正东方向，移动速度约为 20.46km/h；图 5-34（h）为（8）点的走向预测示意图，雷云走向指向北偏东 40°，移动速度约为 75.79km/h；图 5-34（i）为（10）点的走向预测示意图，雷云走向指向东南方向，移动速度约为 110.54km/h。

本次预测图选用的是 5km×5km 的栅格进行雷电聚落的划分，由于此次雷暴活动十分剧烈，通过图 5-33 可以发现，雷电聚落众多且密集，虽然雷暴还处于快速发展阶段，用 5km×5km 的栅格已经不足以区分不同的闪电集中区。在雷暴活动的发展阶段雷云的走向具有明显的规律可循，雷云形状也比较规则，因此，除了图中（9）处的雷电聚落为本时刻新生风暴外，其余各点处的雷电聚落的预测都比较顺利。

图 5-35 为将预测结果与实际雷电聚落输出至同一张图进行对比的结果，图中的（1）～（11）点为 13:54—14:00 时间段内实际收集到的闪电定位数据进行雷电聚落区分的结果。(1)、(3)、(4)、(5)、(6)、(7)、(8)、(9)、(11) 处的预警区域基本满足要求；图中（9）处的雷电聚落是由图 4.33 中（6）和（8）合并而成；图中（10）处的雷电聚落由图 4.33 中的新生风暴（9）移动而来；图中（2）处的雷电聚落为新生风暴。

图 5-36 为 13:00—14:00 时间段内的闪电总数分布折线图，由于本次雷暴发展迅速且雷暴强度较高，从云闪、地闪的数量上与 6 月 3 日发生的普通雷暴相比，此时已经符合一般雷暴成熟阶段的闪电密度标准了，但是此时的地闪数量仍处于上升的状态，说明此次雷暴的预警等级远高于普通雷暴，此时雷暴应该正处于即将到达发展的成熟阶段的过渡时期，云闪数量保持在很高的数值，地

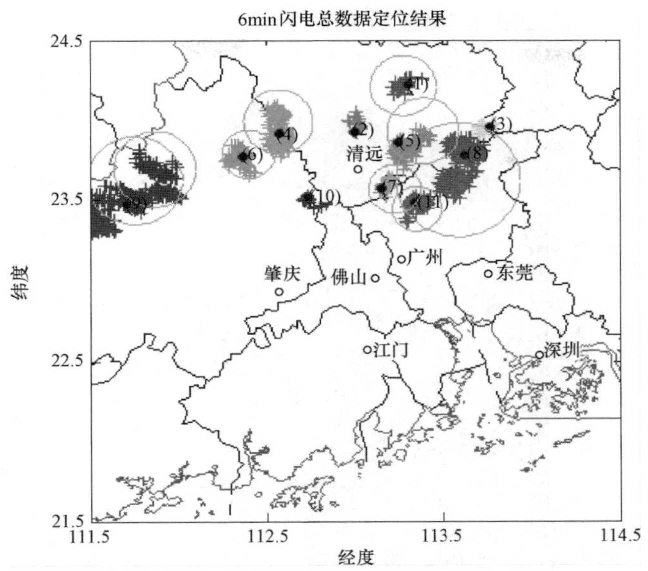

图 5-35 雷电聚落预测结果与实际雷电聚落对比图（强雷暴，13:00—14:00）

闪的数量也保持在较高的数值且还表现出上升的趋势，这与对全闪电定位数据进行分析得出的结论相符合。

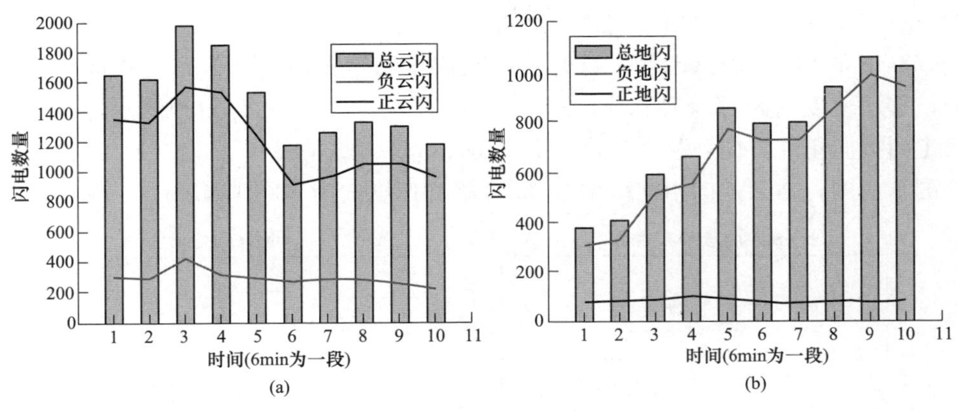

图 5-36 闪电分布折线图（强雷暴，13:00—14:00）

5.2.3 14:00—15:00 雷暴活动走向预测

图 5-37 所示为 14:48—14:54 时间段内的雷电聚落走向预测图，图中（1）～（9）点均为此时间段内监测到的雷电聚落，可以根据 14:00—14:48 时间段内的雷电分布图表进行下一步预测。图中箭头表示雷电聚落的预测走向。

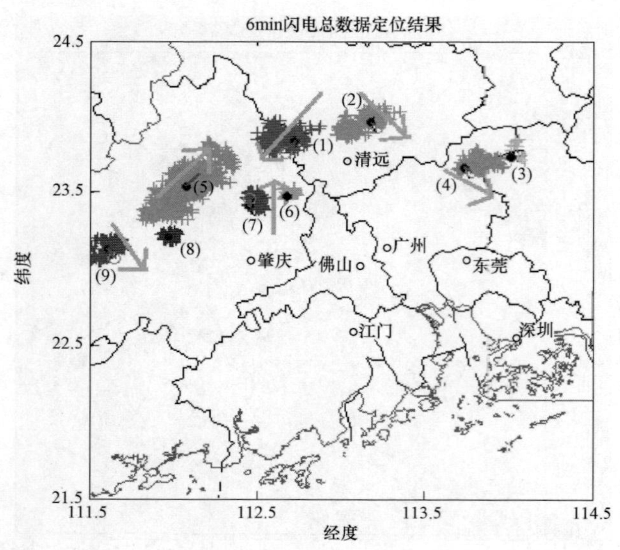

图 5-37 雷电聚落预测走向图（强雷暴，14:00—15:00）

图 5-38 为雷电聚落预测走向图的局部放大图，图 5-38（a）为（1）点的走向预测示意图，雷云走向指向西南方向，移动速度约为 158.21km/h；图 5-38（b）为（2）点的走向预测示意图，雷云走向指向东南方向，移动速度约为 103.88km/h；图 5-38（c）为（4）点的走向预测示意图，雷云走向指向东南方向，移动速度约为 59.63km/h；图 5-38（d）为（5）点的走向预测示意图，雷云走向指向东北方向，移动速度约为 56.87km/h；图 5-38（e）为（7）点的走向预测示意图，雷云走向指向正北方向，移动速度约为 9.51km/h；图 5-38（f）为（9）点的走向预测示意图，雷云走向指向南偏东 35°，移动速度约为 68.01km/h。

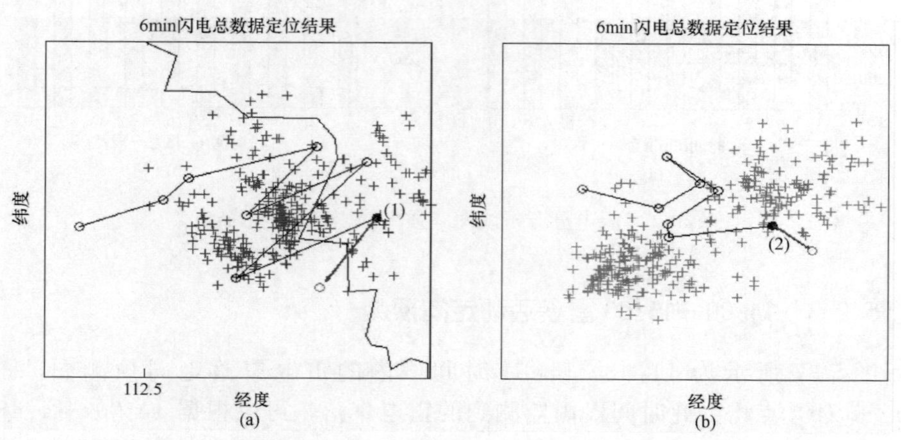

图 5-38 雷电聚落预测走向局部放大图（强雷暴，14:00—15:00）（一）

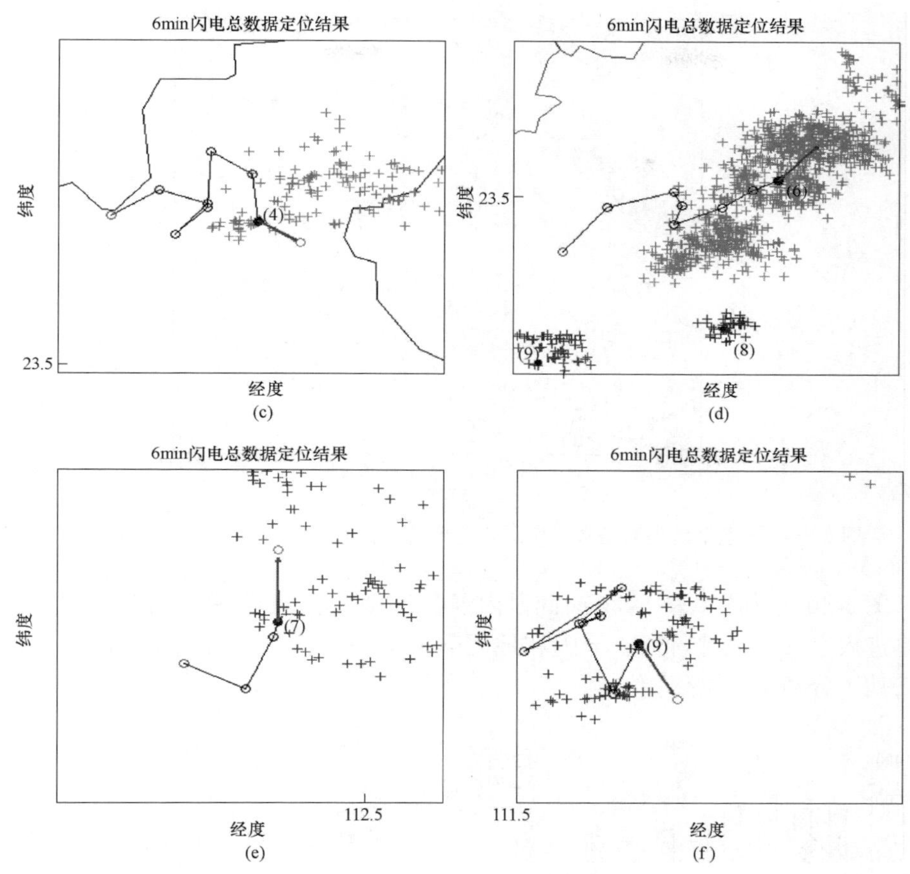

图 5-38 雷电聚落预测走向局部放大图（强雷暴，14:00—15:00）（二）

本次预测图选用的是 5km×5km 的栅格进行雷电聚落的划分，此次雷暴活动十分剧烈且发展迅速，在雷暴出现的第三小时已经完全进入了成熟阶段，闪电数据密度大，雷云聚落数量多。图中（1）、（2）、（4）、（5）、（7）、（9）处的雷电聚落在此时间段内具有足够的闪电数据用于雷电走向的预测，（3）、（6）、（8）均为此时刻新生的聚落，但是其分布与其他雷电聚落的距离比较近，因而在下一步预测过程中可能出现雷云的合并现象。

图 5-39 为将预测结果与实际雷电聚落输出至同一张图进行对比的结果，图中的（1）～（8）点为 14:54—15:00 时间段内实际收集到的闪电定位数据进行雷电聚落区分的结果。本次雷电预警区的预测效果基本符合要求，图中（1）（3）处的雷云有明显的合并趋势，（9）处的雷电聚落有两种可能的来源：由图 5-37 中（9）处的雷云分裂产生，或由（8）处的新生风暴移动而来。

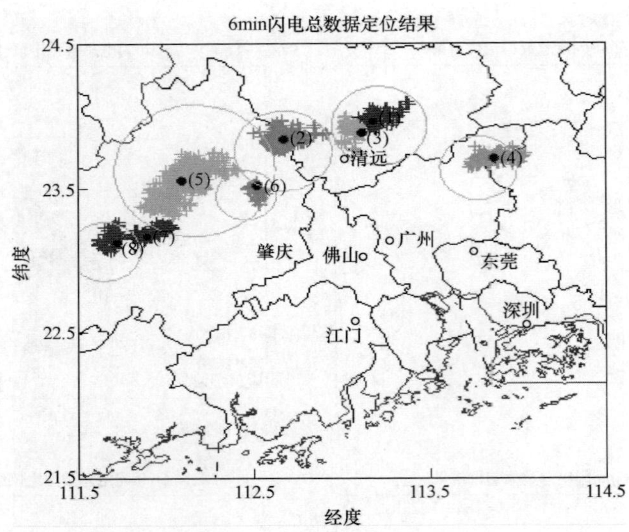

图 5-39　雷电聚落预测结果与实际雷电聚落对比图（强雷暴，14:00—15:00）

图 5-40 为 14:00—15:00 时间段内闪电总数的分布折线图，分析可得，雷暴正是进入发展的成熟阶段，云闪和地闪数量保持在比上一时刻还高的数值，雷电活动十分频繁、剧烈。

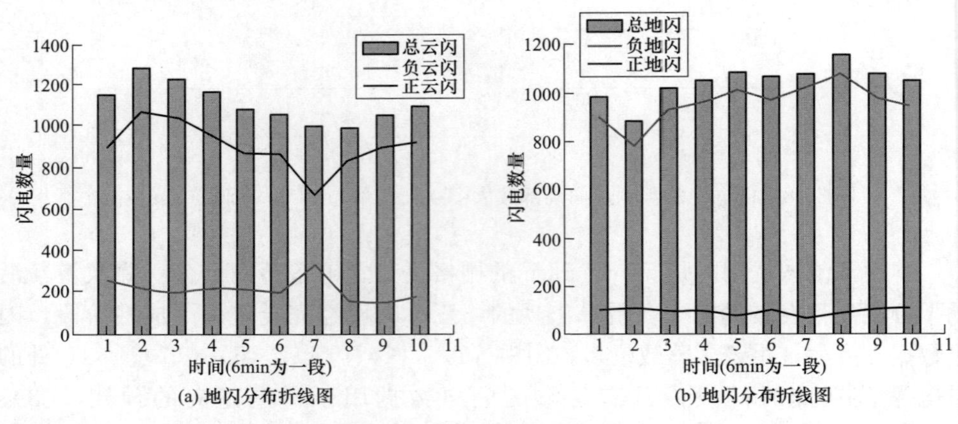

图 5-40　闪电分布折线图（强雷暴，14:00—15:00）

5.2.4　15:00—16:00 雷暴活动走向预测

图 5-41 所示为 15:48—15:54 时间段内的雷电聚落预测走向图，图中（1）（2）（3）点均为此时间段内监测到的雷电聚落，可以根据 15:00—15:48 时间段内的雷电分布图表进行下一步预测。图中箭头表示雷电聚落的预测走向。

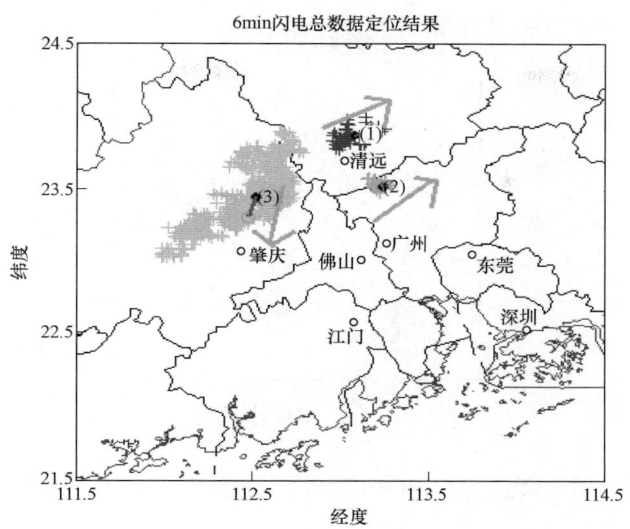

图 5-41 雷电聚落预测走向图（强雷暴，15:00—16:00）

图 5-42 为雷电聚落预测走向图的局部放大图，图 5-42（a）为（1）点的走向预测示意图，雷云走向指向东偏北 20°，移动速度约为 215.76km/h；图 5-42（b）为（2）点的走向预测示意图，雷云走向指向东偏北 25°，移动速度约为 63.61km/h；图 5-42（c）为（3）点的走向预测示意图，雷云走向指向南偏西 10°，移动速度约为 82.25km/h。

本次预测图选用的仍是 5km×5km 的栅格进行雷电聚落的划分。图 5-41 中（2）处的雷云发展时间较短，用于预测的数据不多，（1）、（3）的预测数据比较充足。

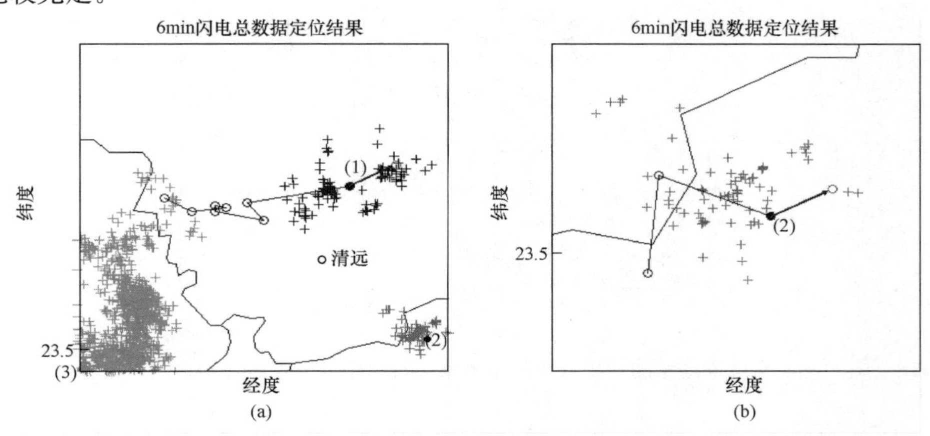

图 5-42 雷电聚落预测走向局部放大图（强雷暴，15:00—16:00）（一）

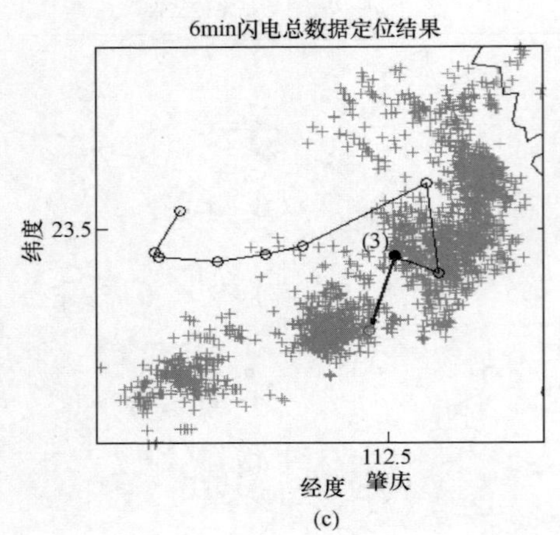

(c)

图 5-42 雷电聚落预测走向局部放大图（强雷暴，15:00—16:00）（二）

图 5-43 为将预测结果与实际雷电聚落输出至同一张图进行对比的结果，图中的（1）～（5）点为 15:54—16:00 时间段内实际收集到的闪电定位数据进行雷电聚落区分的结果。本次雷电预警区的预测效果基本符合要求，图中（4）、（5）处的雷云由图 5-41 中（3）处的雷云分裂产生，（1）、（2）处的雷云由图 5-41 中（1）处的雷云分裂产生。

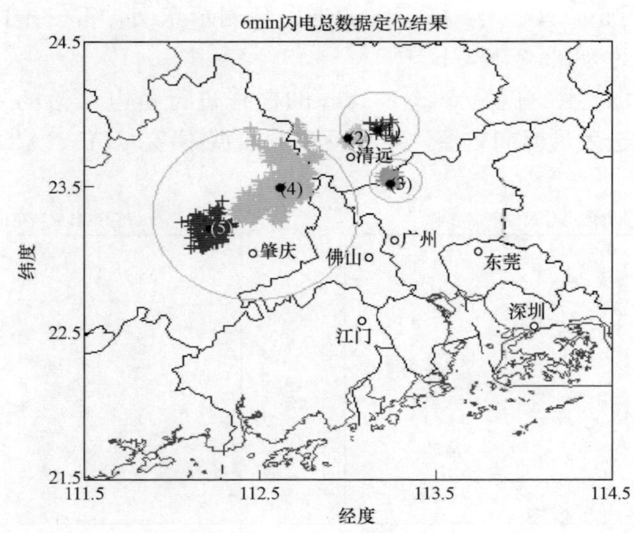

图 5-43 雷电聚落预测结果与实际雷电聚落对比图（强雷暴，15:00—16:00）

图 5-44 为 15:00—16:00 时间段内闪电总数的分布折线图，此时仍处于雷暴活动的成熟阶段，云闪的数量依旧保持在很高的水平，且略微有上升的趋势，

地闪的数量保持在每 6min 1000 次左右，表现出略微下降的趋势，通过 6 月 3 日风暴活动与云地闪数量的对比发现，在雷暴活动的后期阶段就表现出云闪数量上升、地闪数量下降的趋势，因此可以推断，本次雷暴活动也有开始走向消亡的趋势。

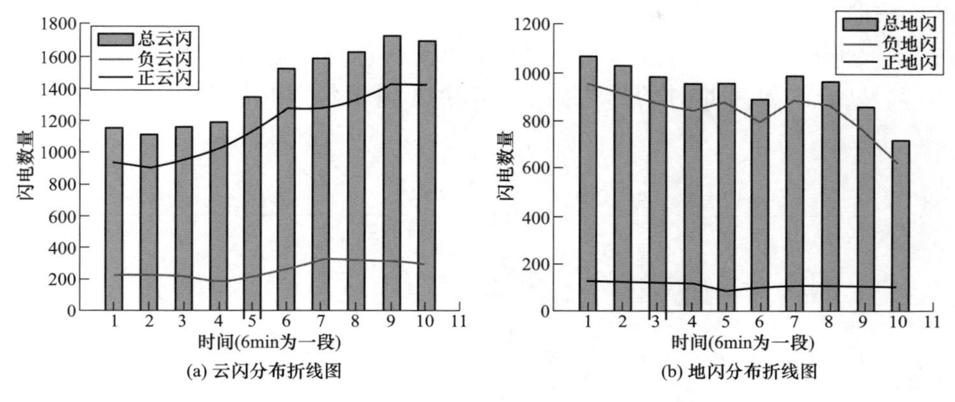

图 5-44　闪电分布折线图（强雷暴，15:00—16:00）

5.2.5　16:00—17:00 雷暴活动走向预测

图 5-45 为 16:48—16:54 时间段内的雷电聚落预测走向图，图中（1）～（4）点均为此时间段内监测到的雷电聚落，可以根据 16:00—16:48 时间段内的雷电分布图表进行下一步预测。图中箭头表示雷电聚落的预测走向。

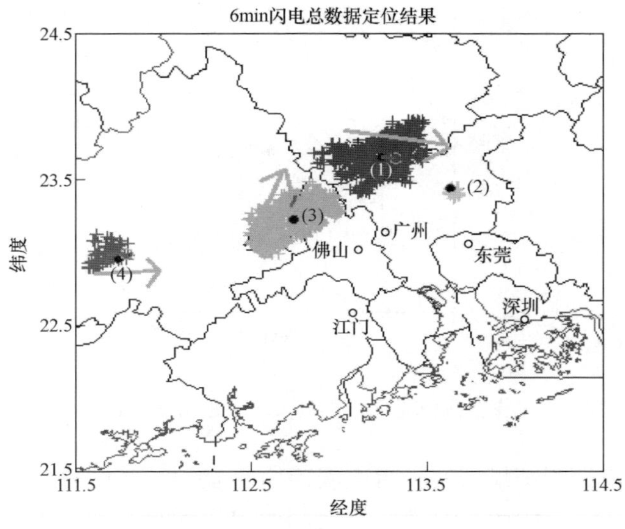

图 5-45　雷电聚落预测走向图（强雷暴，16:00—17:00）

图 5-46 为雷电聚落预测走向图的局部放大图，图 5-46（a）为（1）点的走向预测示意图，雷云走向指向东偏南 10°，移动速度约为 52.89km/h；图 5-46（b）为（3）点的走向预测示意图，雷云走向指向北偏东 20°，移动速度约为 93.23km/h；图 5-46（c）为（4）点的走向预测示意图，雷云走向指向正东方向，移动速度约为 40.20km/h。

本次预测图选用的仍是 5km×5km 的栅格进行雷电聚落的划分。图 5-45 中（2）处的雷云为此时的新生雷云，（1）（3）（4）均具有足够的数据用于预测。

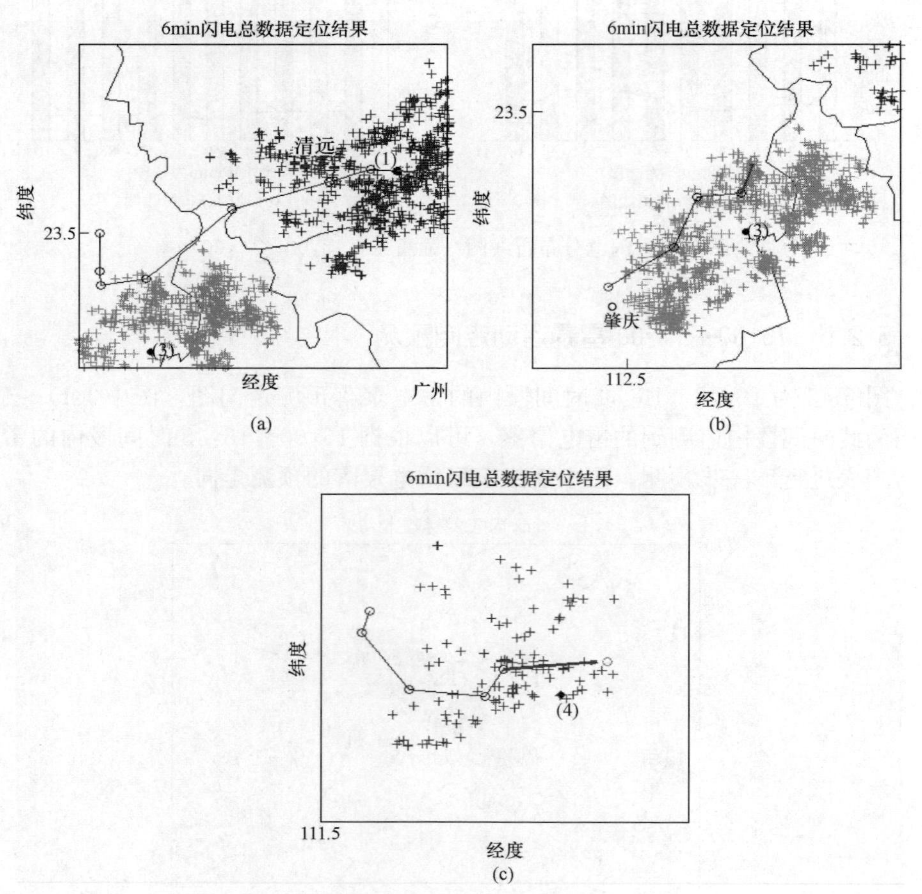

图 5-46　雷电聚落预测走向局部放大图（强雷暴，16:00—17:00）

图 5-47 为将预测结果与实际雷电聚落输出至同一张图进行对比的结果，图中的（1）～（6）点为 16:54—17:00 时间段内实际收集到的闪电定位数据进行雷电聚落区分的结果。本次雷电预警区的预测效果基本符合要求，图中

(3)、(4) 处的雷云有两种可能的来源：由图 5-45 中 (2) 处的雷云移动产生，或由图 4.45 中 (1) 处雷云分裂产生。

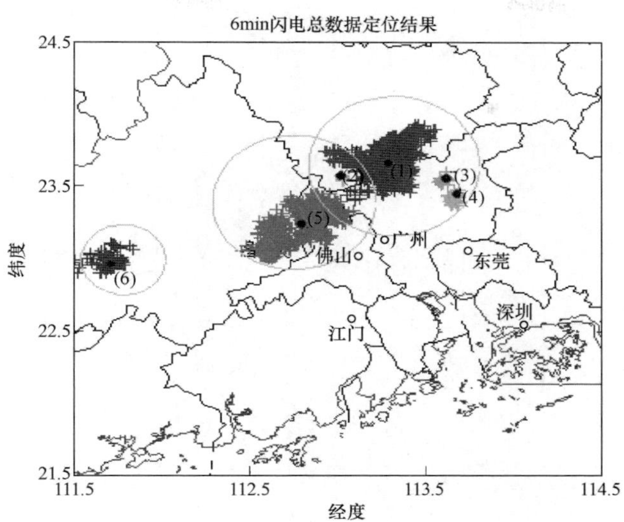

图 5-47 雷电聚落预测结果与实际雷电聚落对比图（强雷暴，16:00—17:00）

图 5-48 为 16:00—17:00 时间段内闪电总数的分布折线图，此时雷暴活动仍处于高度活跃的阶段，云闪的数量保持在很高的水平，地闪数量经过上一时间段内的略微降低后也保持在每 6min 800 次左右。

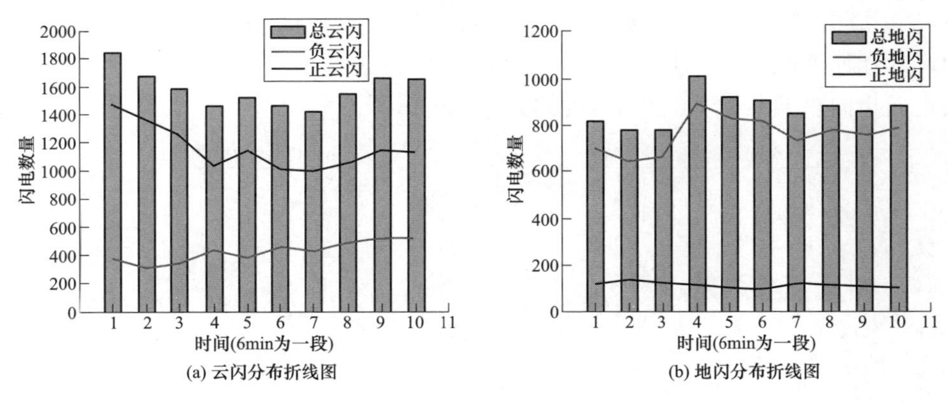

图 5-48 闪电分布折线图（强雷暴，16:00—17:00）

5.2.6 17:00—18:00 雷暴活动走向预测

图 5-49 所示为 17:48—18:54 时间段内的雷电聚落预测走向图，图中 (1) ～ (5) 点均为此时间段内监测到的雷电聚落，可以根据 17:00—17:48 时

间段内的雷电分布图表进行下一步预测。图中箭头表示雷电聚落的预测走向。

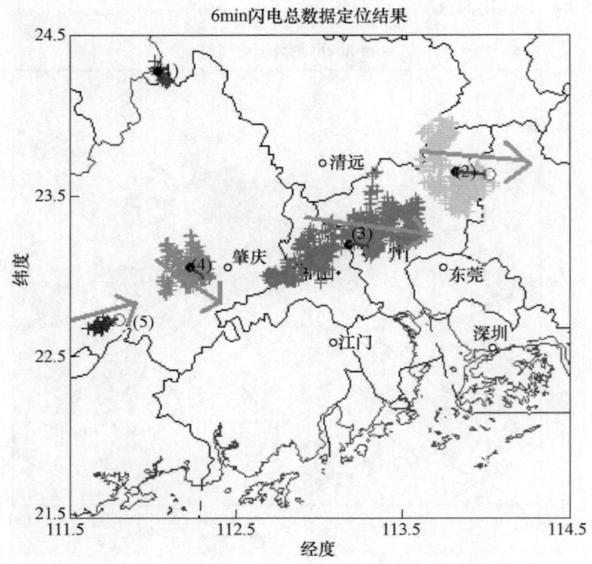

图 5-49　雷电聚落预测走向图（强雷暴，17:00—18:00）

图 5-50 为雷电聚落预测走向图的局部放大图，图 5-50（a）为（2）点的走向预测示意图，雷云走向指向东偏南 10°，移动速度约为 46.92km/h；图 5-50（b）为（3）点的走向预测示意图，雷云走向指向东偏南 15°，移动速度约为 28.53km/h；图 5-50（c）为（4）点的走向预测示意图，雷云走向指向东南方向，移动速度约为 84.17km/h；图 5-50（d）为（5）点的走向预测示意图，雷云走向指向东偏北 15°，移动速度约为 76.08km/h。

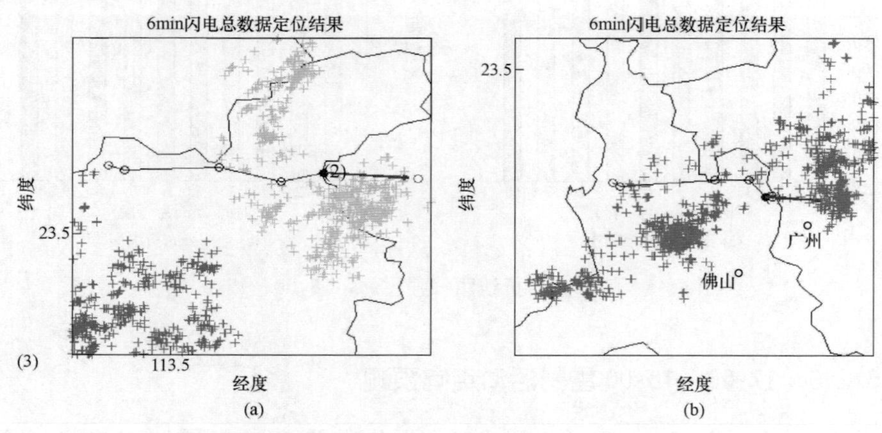

图 5-50　雷电聚落预测走向局部放大图（强雷暴，17:00—18:00）（一）

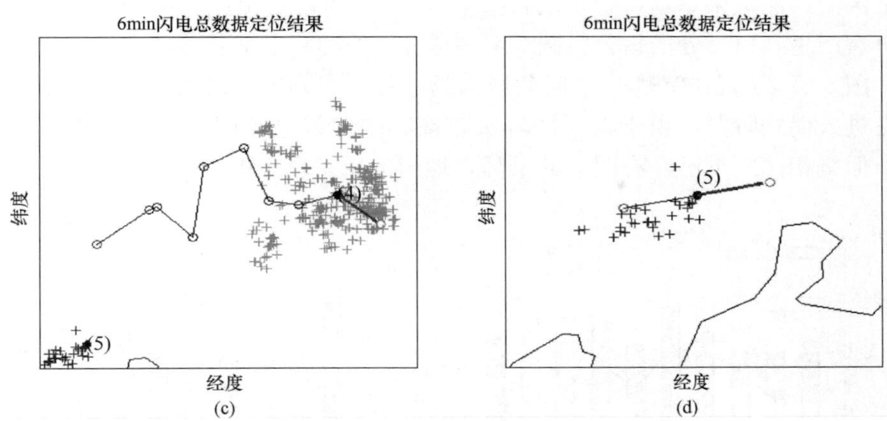

图 5-50 雷电聚落预测走向局部放大图（强雷暴，17:00—18:00）（二）

本次预测图选用的仍是 5km×5km 的栅格进行雷电聚落的划分。图 5-45 中（1）处的雷云为此时的新生雷云，（2）、（3）、（4）、（5）均具有足够的数据用于预测。

图 5-51 为将预测结果与实际雷电聚落输出至同一张图进行对比的结果，图中的（1）～（6）点为 17:54—18:00 时间段内实际收集到的闪电定位数据进行雷电聚落区分的结果。本次雷电

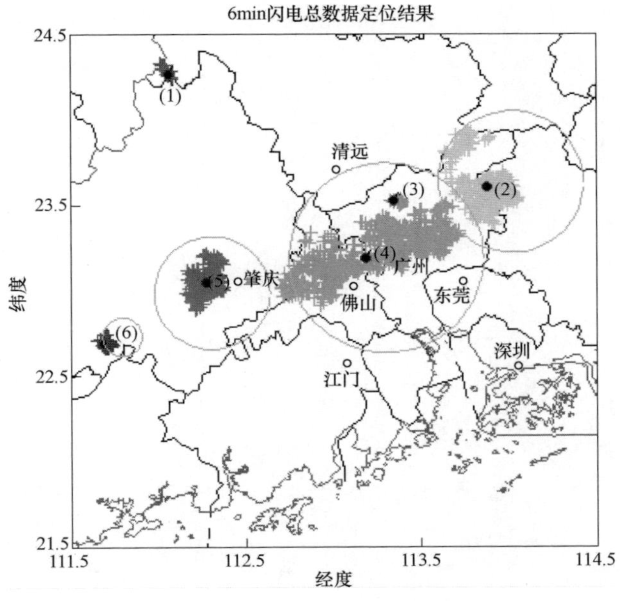

图 5-51 雷电聚落预测结果与实际雷电聚落对比图（强雷暴，17:00—18:00）

预警区的预测效果基本符合要求，图中（3）处的雷云由图 5-49 中（3）处的雷云分裂产生，（1）处的雷云由图 5-49 中（1）处的新生雷云移动产生。

图 5-52 为 17:00—18:00 时间段内闪电总数的分布折线图，本次雷暴的发展正在进入消亡阶段，由于雷暴的等级较高，因此闪电密度仍保持在相当高的水平，但是相比之下已经有明显的下降，地闪的数量也表现出下降的趋势。

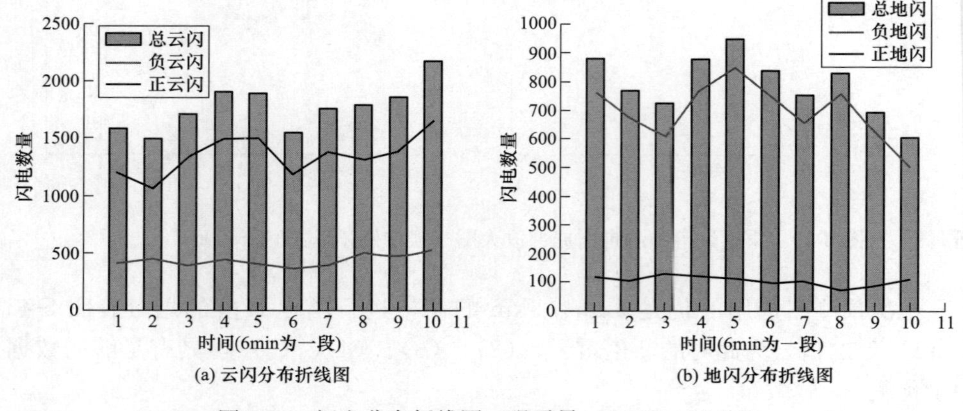

图 5-52 闪电分布折线图（强雷暴，17:00—18:00）

6 雷暴活动与线路地闪及跳闸情况

针对广州 7 条重要输电线路，本章整理分析了 2014—2019 年雷暴活动与线路地闪及跳闸情况，线路分别是：统计的数据如下：

（1）2014—2019 年线路走廊 2.5km 内，总地闪次数、－25～25kA 地闪次数 、－10～－5kA 地闪次数及占比，30kA 以上（危险雷电流）地闪次数及占比。

（2）2018—2019 年雷电地闪空间分布、60kA 以上危险雷电流空间分布、各杆塔雷电幅值及地闪次数统计。

（3）2014—2019 年各线路跳闸情况统计，易击塔段。

（4）序号为 2、3、4、6、7 的线路都没有避雷器安装情况的数据。

表 6-1 为每条输电线路的杆塔数量。

表 6-1　　输电线路名称及杆塔数量

线路名称	杆塔数量	线路名称	杆塔数量
NMJ	144	BSY	123
WT	23	HYJ	121
LTJ	56	XB	100
HKY	112		

6.1 110kV 线路雷电活动与跳闸情况分析

6.1.1 NMJ 线路历史地闪及跳闸情况

6.1.1.1 线路历史雷电地闪统计

110kV NMJ 线路自 2018 年 1 月 1 日—2019 年 8 月 1 日的线路走廊 2.5km 半径范围，累计地闪次数 23 720 次，其中 15 567 次地闪集中于 25kA 以下，占比 65.6%，幅值在－10～－5kA 地闪 2422 次，占比 10.2%，如图 6-1 所示。30kA 及以上危险雷电流分布共 6514 次，占比 27.5%。110kV NMJ 线路走廊 2.5km 半径范围地闪密度及最大正负极性雷电流统计如图所示。其中 37、50、55、85、86、91、92、95、97、98 号塔附近历史上未出现幅值超 60kA 地闪，如图 6-3 所示。

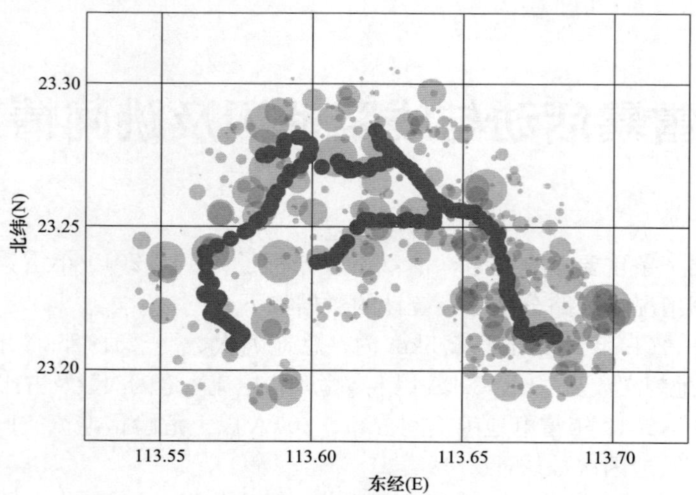

图 6-1　2018—2019 年线路走廊 2.5km 半径范围雷电地闪空间分布

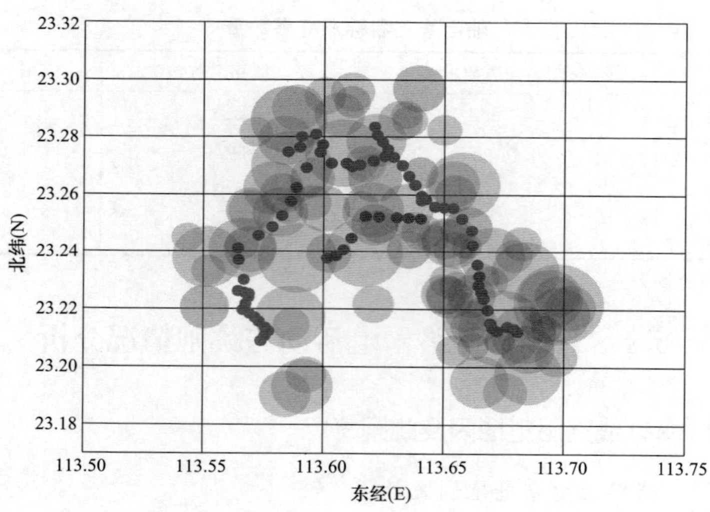

图 6-2　2018—2019 年线路走廊 2.5km 半径范围 60kA 以上危险雷电流空间分布

统计 2018 年全年 60kA 以上雷电流，1～6 号塔段 23 次，10～14 号塔段 9 次，27～32 号塔段 7 次，75～81 号塔段 5 次，93 号塔段 2 次。

从雷电地闪次数上看，排序前 10 位杆塔见表 6-2。

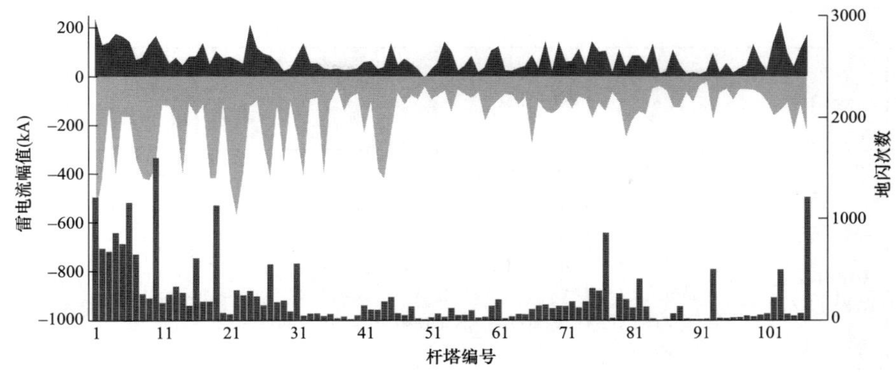

图 6-3　2.5km 线路走廊半径内雷电地闪次数历史统计

表 6-2　　　　　　　　　　　地闪次数前 10 位杆塔

排序	杆塔号	地闪次数
1	10	1593
2	107	1208
3	1	1207
4	6	1153
5	19	1125
6	77	856
7	4	855
8	5	746
9	2	701
10	3	671

6.1.1.2　线路历史跳闸统计

110kV NMJ 线 2014 年—2019 年 8 月历史跳闸情况共计 13 次，绝大部分为雷击引起，可查到的实际故障位置分别为 62 号塔 AB 相、10 号塔 C 相、17 号塔 C 相、67 号塔 AC 相、69 号塔 A 相、8 号塔 BC 相、8 号塔 B 相、8 号塔 C 相、5 号塔 A 相、6 号塔 AB 相、6 号塔 AB 相，如表 6-3 所示。

表 6-3　　　　110kV NMJ 线 2014 年—2019 年 8 月历史跳闸情况

序号	跳闸时间	查线情况	重合闸	强送电	故障类别	故障相别/相位	故障点到变电站距离
1	2019 年 8 月 17 日 16 时 57 分 36 秒	110kV NMJ 线＃62 塔 A、B 相小号侧玻璃绝缘子均有放电痕迹。A 相小号侧左串第八片玻璃绝缘子被击破，两串玻璃绝缘子金具部分有放电烧花痕迹。B 相小号侧左串第一片玻璃绝缘子有放电烧花痕迹。右串第八片玻璃绝缘子有放电烧花痕迹。三角联板有放电痕迹，不影响线路运行	成功	无	雷电	A、B	距离 NX 站是 13.810km

续表

序号	跳闸时间	查线情况	重合闸	强送电	故障类别	故障相别/相位	故障点到变电站距离
2	2018年8月7日16时57分36秒	110kV NMJ线#62塔A、B相小号侧玻璃绝缘子均有放电痕迹。A相小号侧左串第八片玻璃绝缘子被击破，两串玻璃绝缘子金具部分有放电烧花痕迹。B相小号侧左串第一片玻璃绝缘子有放电烧花痕迹。右串第八片玻璃绝缘子有放电烧花痕迹。三角联板有放电痕迹，不影响线路运行	成功	无	雷电	A、B相	距离NX站是13.810km
3	2018年7月26日11时30分44秒	经对全线进行特查发现110kV NMJ线#10塔C相跳线合成绝缘子串上下均压环有烧花痕迹，导线未见断股，暂不影响运行	成功	无	雷电	C相	距离ML站21.18km
4	2017年6月4日17时5分58秒	未查询到雷电	成功	无	漂浮物	A	距离220kV ML站16.362km
5	2016年7月14日14时12分0秒	经输电所班组特查发现：NMJ线#17塔C相复合绝子上下均压环、导线有放电痕迹，导线未断股，暂不影响运行；宁中乙线余庄乙支线#17塔C相复合绝缘子上下均压环有放电痕迹，暂不影响运行，故障原因初步判断为雷击（雷击两回线路同跳）	成功	无	雷击	C	距离220kV NX站12.9km
6	2016年6月17日19时27分0秒	经输电所班组特查发现：NMJ线#67塔A、C相复合绝缘子上下均压环、裙体有放电痕迹，暂不影响运行：变电保护测距定位NMJ线#80～#81，庙朱线保护定位准确	成功	无	雷击	AC	距离220kV NX站15.7km
7	2016年6月13日2时58分0秒	经输电所班组特查发现#69塔A相复合绝缘子、上下均压环、导线均有放电烧花痕迹，导线未见断股，暂不影响运行，故障原因初步判断为雷击，保护测距定位#71～#72段，保护定位不准确	成功	无	雷击	A	距离220kV NX站17.1km
8	2015年8月28日13时55分0秒	查线发现110kV NMJ线#8塔B、C相受雷击，B相上下复合绝缘子均压环有放电烧花痕迹，C相复合绝缘子上下均压环有放电痕迹，未发现导线断股	成功	无	雷击	C	距离220kV NX站12.4km

续表

序号	跳闸时间	查线情况	重合闸	强送电	故障类别	故障相别/相位	故障点到变电站距离
9	2015年6月10日 11时44分53秒	110kV NMJ线#8直线塔B相绝缘子串受雷击，复合绝缘子上下均压环有被雷击烧花现象，导线也受到雷击有烧花痕迹，不影响送电	成功	无	雷击	B	距离220kV NX站 9.866km
10	2014年8月8日 1时47分32秒	110kV NMJ线#8直线塔C相绝缘子串受雷击，复合绝缘子表面、均压环有被雷击现象，导线也受到雷击有烧花痕迹	成功	无	雷击	C	距离220kV NX站 10.255km
11	2014年6月21日 17时48分7秒	110kV NMJ线#5耐张塔A相跳线绝缘子串受雷击，复合绝缘子，均压环有被雷击现象，导线无烧花痕迹，不影响送电	成功	无	雷击	A	距离220kV NX站 15.269km
12	2014年6月9日 0时49分40秒	110kV NMJ线#6直线塔AB相绝缘子串受雷击，复合绝缘子表面、均压环有被雷击现象，导线也受到雷击有烧花痕迹，不影响送电	成功	无	雷击	AB	距离220kV NX站 9.08km
13	2014年6月9日 0时23分28秒	110kV NMJ线#6直线塔AB相绝缘子串受雷击，复合绝缘子表面、均压环有被雷击现象，导线也受到雷击有烧花痕迹，不影响送电	成功	无	雷击	AB	距离220kV NX站 9.08km

6.1.1.3 易击塔段统计

根据架空输电线路防雷技术导则（Q/CSG 1107002—2018），结合线路历史跳闸情况，统计出的易击塔段为5～8号塔段、10～17号塔段、62～69号塔段，如图6-4所示。

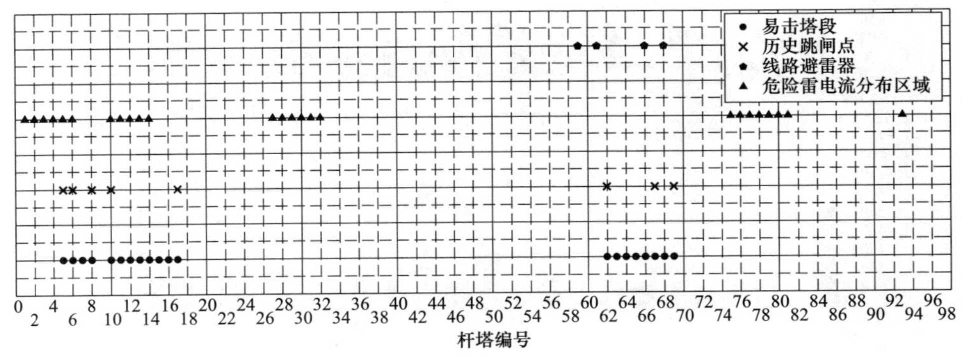

图6-4 易击杆塔、历史跳闸点、危险雷电流塔段分布情况汇总

统计发现，2010—2019 年 110kV NMJ 线 30kA 以上危险雷电流为 6514 次，占比 27.5%。通过地闪分布和架空输电线路防雷技术导则得出，易击杆塔为 5～8 号塔段、10～17 号塔段和 62～69 号塔段。2003—2019 年实际故障中，易击杆塔 6 号和 8 号分别发生 2 次和 3 次故障。

6.1.2 WT 线路历史地闪及跳闸情况

6.1.2.1 线路历史雷电地闪统计

110kV WT 线路自 2010 年 1 月 1 日—2019 年 8 月 1 日的线路走廊 2.5km 半径范围，累计地闪次数 9777 次，其中 6700 次地闪集中于 25kA 以下，占比 68.5%，幅值在－10～－5kA 地闪 901 次，占比 9.2%，如图 6-5 所示。30kA 及以上危险雷电流分布共 2396 次，占比 24.5%。110kV WT 线路走廊 2.5km 半径范围地闪密度及最大正负极性雷电流统计如图 6-6 所示。

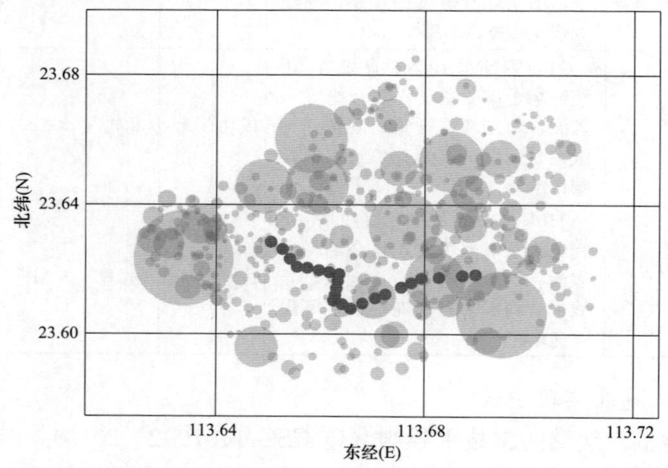

图 6-5 2018—2019 年线路走廊 2.5km 半径范围雷电地闪空间分布

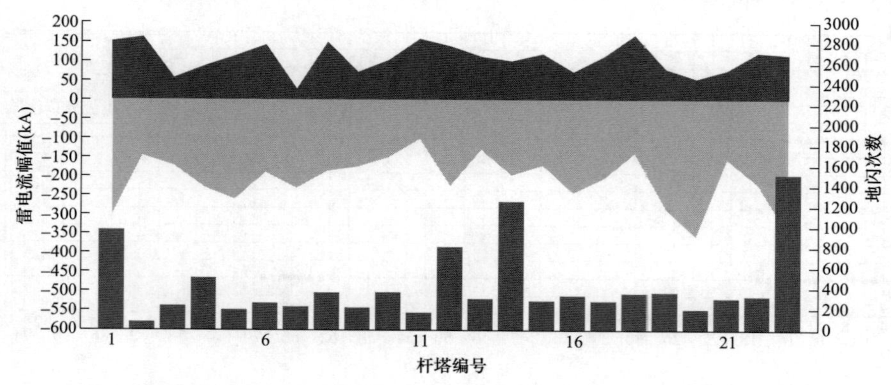

图 6-6 2.5km 线路走廊半径内雷电地闪次数历史统计

统计 2018 年全年 60kA 以上雷电流，12～17 号塔段 8 次，6～10 号塔段 8 次。从雷电地闪次数上看，排序前 10 位杆塔见表 6-4，2018—2019 年线路走廊 2.5km 半径范围 60kA 以上危险雷电流空间分布如图 6-7 所示。

表 6-4　　地闪次数前 10 位杆塔

排序	杆塔号	地闪次数
1	23	1513
2	14	1249
3	1	970
4	12	804
5	4	497
6	10	359
7	19	359
8	8	354
9	18	350
10	16	328

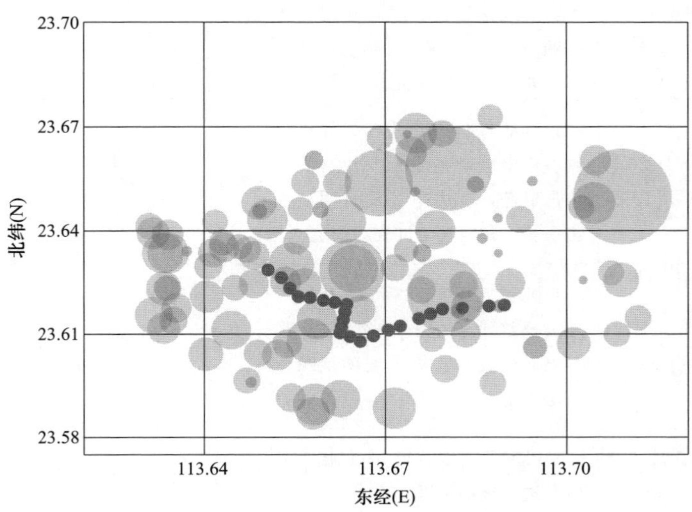

图 6-7　2018—2019 年线路走廊 2.5km 半径范围 60kA 以上危险雷电流空间分布

6.1.2.2　线路历史跳闸统计

110kV WT 线 2003 年—2019 年 8 月历史跳闸情况共计 12 次，主要由雷击引起，可查到的实际故障位置分别为 10、11 号塔 C 相、19 号塔 A 相、9 号塔 C 相、25 号塔 AC 相、11 号塔 A 相、8 号塔 C 相、9 号塔 C 相、19 号塔 C 相、2 号塔 AB 相、5 号塔 B 相（外力），如表 6-5 所示。

表 6-5　　110kV WT 线 2003 年—2019 年 8 月历史跳闸情况

序号	跳闸时间	查线情况	重合闸	强送电	故障类别	故障相别/相位	故障点到变电站距离
1	2017 年 6 月 3 日 20 时 5 分 13 秒	避雷器爆炸。深圳银星 2010 年产品。SOE 时间：20:05:13:880	成功	无	雷击	C	距离 TL 站 17.8km
2	2016 年 6 月 14 日 17 时 10 分 0 秒	经输电所班组特查发现：110kV WT 线＃10 塔 C 相小号侧双串玻璃绝缘子有雷击闪络痕迹、＃11 塔 C 相双串玻璃绝缘子有雷击闪络痕迹。暂不影响线路运行。故障原因初步判断为雷击。变电保护测距定位＃09～＃10 段。保护定位准确	成功	无	雷击	C	距离 TL 站 9km
3	2016 年 6 月 13 日 2 时 28 分 0 秒	经输电所班组特查发现：110kV WT 线＃19 塔 A 相小号侧双串绝缘子有雷击闪络痕迹，暂不影响线路运行。故障原因初步判断为雷击。保护测距定位＃14～＃15 段，保护定位不准确	成功	无	雷击	A	距离 TL 站 11.7km
4	2015 年 7 月 26 日 15 时 21 分 10 秒	110kV WT 线＃09 塔 C 相小号侧左边串玻璃绝缘子 3 片有明显雷击痕迹，右边串 2 片有明显雷击痕迹，跳线有少许烧花痕迹	成功	无	雷击	C	距离 TL 站 2.747km
5	2015 年 5 月 20 日 5 时 58 分 27 秒	110kV WT 线＃25 塔 A 相跳线串玻璃绝缘子雷击闪络，C 相小号侧面向大号左边串玻璃绝缘子雷击闪络	成功	无	雷击	C	距离 YXG 变电站 1.607km
6	2015 年 5 月 6 日 16 时 49 分 0 秒	110kV WT 线＃11 塔 A 相小号侧左边串玻璃绝缘子雷击	成功	无	雷击	A	距离 TL 站 9.5km
7	2013 年 6 月 3 日 19 时 9 分 0 秒	“110kV WT 线＃08 塔遭雷击，C 相双串玻璃绝缘子雷击闪络痕迹”	成功	无	雷击	C	距离 TL 站 9.1km
8	2013 年 5 月 20 日 15 时 12 分 0 秒	“110kV WT 线＃09 塔遭雷击，C 相面向大号侧左边串玻璃绝缘子有雷击闪络痕迹”	成功	无	雷击	C	距离 TL 站 7.9km

续表

序号	跳闸时间	查线情况	重合闸	强送电	故障类别	故障相别/相位	故障点到变电站距离
9	2013年4月2日6时29分0秒	“未查到故障点”	成功	无	不明原因	A	距离TL站17.5km
10	2010年8月5日14时2分0秒	发现#19塔C相玻璃绝缘子及导线有雷击痕迹	成功	无	雷击	C	距离TL站12.11km
11	2010年5月6日22时37分0秒	发现#02塔A、B相玻璃绝缘子有雷击痕迹	成功	无	雷击	AB	距离TL站5.5km
12	2003年12月7日1时16分0秒	因WT线#05杆8条拉线UT被盗，导致#05杆倒塌，电杆等设备报废，部分导线损伤	不成功	无	外力破坏	B	—

6.1.2.3 易击塔段统计

根据Q/CSG 1107002—2018《架空输电线路防雷技术导则》，结合线路历史跳闸情况，统计出的易击塔段为2～11号塔段、19～25号塔段，如图6-8所示。

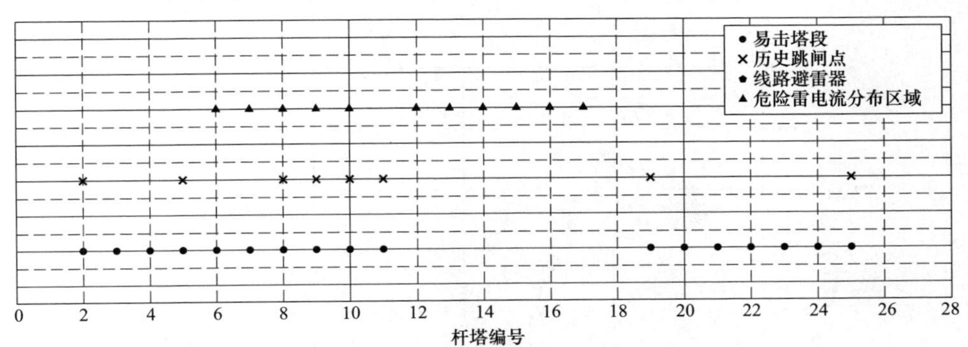

图6-8 易击杆塔、历史跳闸点、危险雷电流塔段分布情况汇总

综上，统计发现，2010—2019年110kV WT线30kA以上危险雷电流为2396次，占比24.5%。通过地闪分布和架空输电线路防雷技术导则得出，易击杆塔为2～11号塔段和19～25号塔段。2003—2019年实际故障中，易击杆塔19号、11号和9号均发生2次故障。

6.1.3 LTJ线路历史地闪及跳闸情况

6.1.3.1 线路历史雷电地闪统计

110kV LTJ线路自2010年1月1日—2019年8月1日的线路走廊2.5km

半径范围，累计地闪次数 16 094 次，其中 10 749 次地闪集中于 25kA 以下，占比 66.8%，幅值在－10～－5kA 地闪 1472 次，占比 9.2%，见图 6-9。30kA 及以上危险雷电流分布如图 6-10 所示，共 4117 次，占比 25.6%。

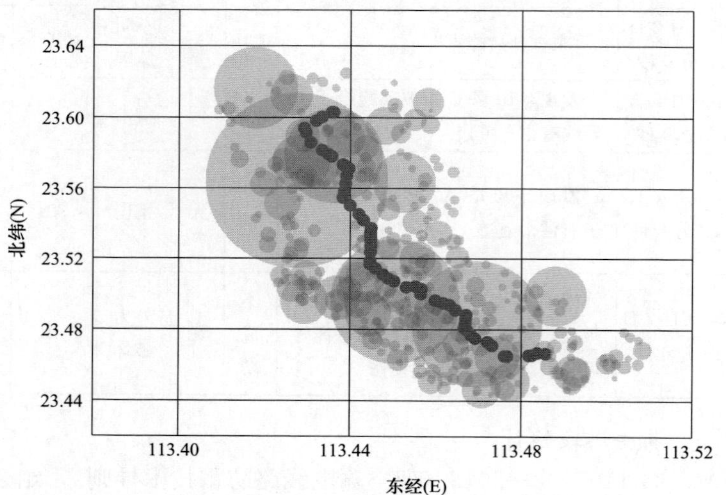

图 6-9　2018—2019 年 110kV LTJ 线路走廊 2.5km 半径范围雷电地闪空间分布图

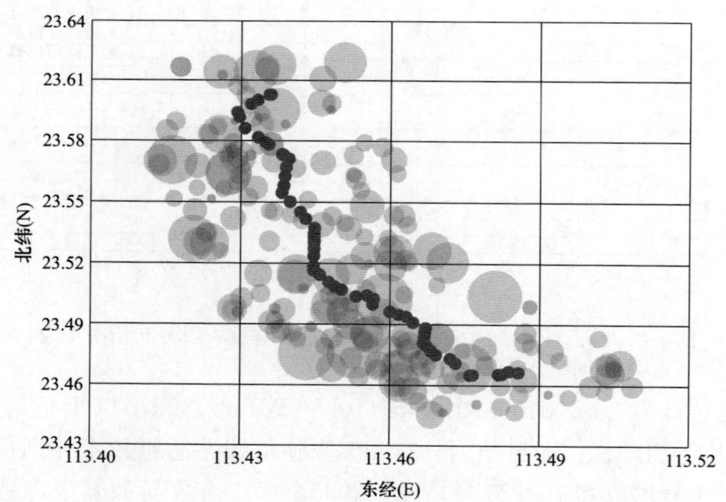

图 6-10　2018—2019 年 110kV LTJ 线路走廊 2.5km 半径范围 30kV 及以上危险雷电流空间分布图

110kV LTJ 线路走廊 2.5km 半径范围地闪密度及最大正负极性雷电流统计如图 6-11 所示。

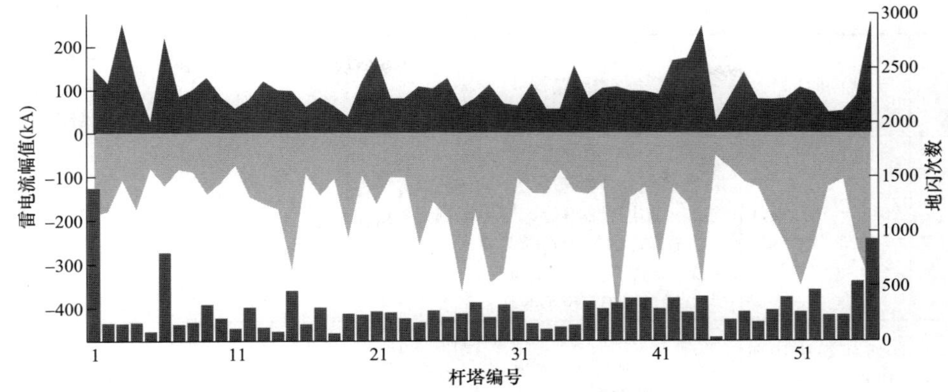

图 6-11 2.5km 线路走廊半径内雷电地闪次数历史统计

统计 2018 年全年 60kA 以上雷电流，20～25 号塔段 6 次，1～7 号塔段 6 次，52～56 号塔段 5 次，14～15 号塔段 3 次。

从雷电地闪次数上看，排序前 10 位杆塔见表 6-6。

表 6-6 地闪次数前 10 位杆号塔

排序	杆塔号	地闪次数
1	1	1394
2	56	922
3	6	805
4	55	540
5	52	463
6	15	456
7	44	404
8	50	398
9	40	388
10	42	388

6.1.3.2 线路历史跳闸统计

110kV LTJ 线 2005 年—2019 年 8 月历史跳闸情况共计 8 次，全部由雷击引起，可查到的实际故障位置分别为 37 号塔 B 相、53 号塔 A 相、39 号塔 A 相、31 号塔 A 相、4 号塔 C 相、49 号塔 B 相、29 号塔 A 相，如表 6-7 所示。

表 6-7 110kV LTJ 线 2005 年—2019 年 8 月历史跳闸情况

序号	跳闸时间	查线情况	重合闸	强送电	故障类别	故障相别/相位	故障点到变电站距离
1	2017 年 6 月 14 日 8 时 30 分 12 秒		成功	无	雷击	BC	距离 220kV LZ 站 13.2km

续表

序号	跳闸时间	查线情况	重合闸	强送电	故障类别	故障相别/相位	故障点到变电站距离
2	2017年5月4日5时58分0秒	经输电所班组登塔检查发现：＃37塔B相复合绝缘子上下均压环及金具有放电闪络痕迹，暂不影响运行。故障原因初步判断为雷击。变电保护测距定位＃29-＃30、＃39-＃40段，保护定位不准确	成功	无	雷击	B	距离110kV BT站6.2km
3	2015年6月10日13时33分0秒	110kV LTJ线＃53塔（直拉）A相复合绝缘子（单串）及均压环有闪络痕迹	成功	无	雷击	A	距离LZ站17.6km
4	2015年5月4日19时35分01秒	110kV LTJ线＃39塔（耐张）A相，小号侧整串玻璃绝缘子（外串）有闪络痕迹	成功	无	雷击	A	距离LZ站12.44km
5	2014年6月18日14时42分0秒	110kV LTJ线＃31塔A相绝缘子和均压环有雷击放电烧花痕迹，其他未发现异常。暂不影响线路运行。110kV绿兔乙线＃31塔A相均压环有雷击放电烧花痕迹，其他未发现异常。暂不影响线路运行	成功	无	雷击	A	距离LZ站9.221km
6	2014年6月3日8时58分11秒	110kV LTJ线＃04塔C相（雷击），导线、绝缘子均压环均有放电烧花痕迹，其他未发现异常。暂不影响线路运行	成功	无	雷击	C	距离LZ站1.069km
7	2014年4月3日1时36分39秒	“LTJ线＃49塔B相（雷击）均压环及合成绝缘子有放电烧伤痕迹，挂点未发现异常。不影响线路运行”	成功	无	雷击	B	距离LZ站15.537km
8	2012年6月23日20时56分0秒	输电所全线带电查线发现＃29塔处A相合成绝缘子、均压环遭雷击，有烧花痕迹，导线无断股，不影响线路正常运行	成功	无	雷击	A	距离220kV LZ站9.08KM

6.1.3.3 易击塔段统计

根据Q/CSG 1107002—2018《架空输电线路防雷技术导则》，结合线路历史跳闸情况，统计出的易击塔段为29～39号塔段、49～53号塔段、1～7号塔段，见图6-12。

统计发现，2010—2019年110kV LTJ线30kA以上危险雷电流为4117次，占比25.6%。通过地闪分布和架空输电线路防雷技术导则得出，易击杆塔为29～39号塔段、49～53号塔段和1～7号塔段。2003—2019年实际故障中，易击杆塔4号、29号和37号等均发生一次故障。

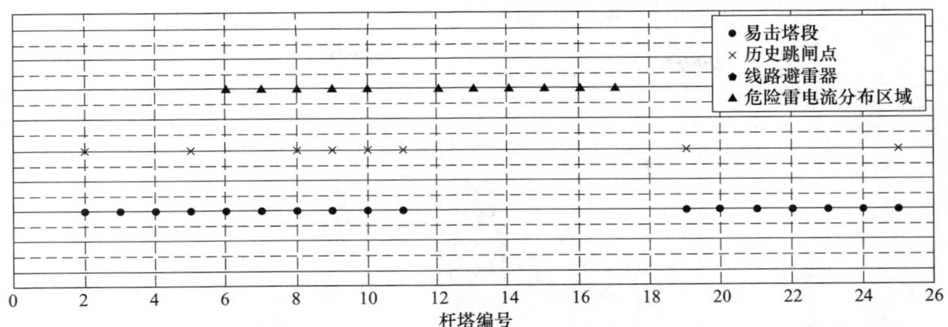

图 6-12 易击杆塔、历史跳闸点、危险雷电流塔段分布情况汇总

6.2 220kV 线路雷电活动与跳闸情况分析

6.2.1 HKY 线路历史地闪及跳闸情况

6.2.1.1 线路历史雷电地闪统计

220kV HKY 线路自 2010 年 1 月 1 日—2019 年 8 月 1 日的线路走廊 2.5km 半径范围，累计地闪次数 33 476 次，其中 21 662 次地闪集中于 25kA 以下，占比 64.7%，幅值在－10～－5kA 地闪 3388 次，占比 10.1%，见图 6-13。

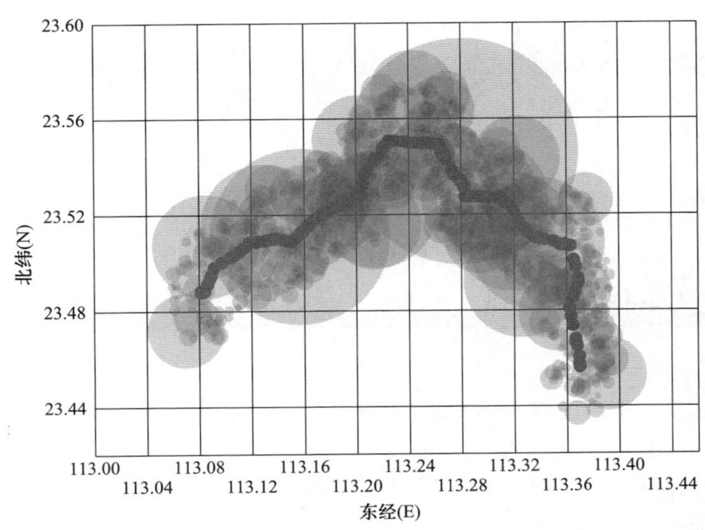

图 6-13 2018—2019 年 220kV HKY 线路走廊 2.5km 半径范围雷电地闪空间分布图

30kA 及以上危险雷电流分布见图 6-14，共 9299 次，占比 27.8%。

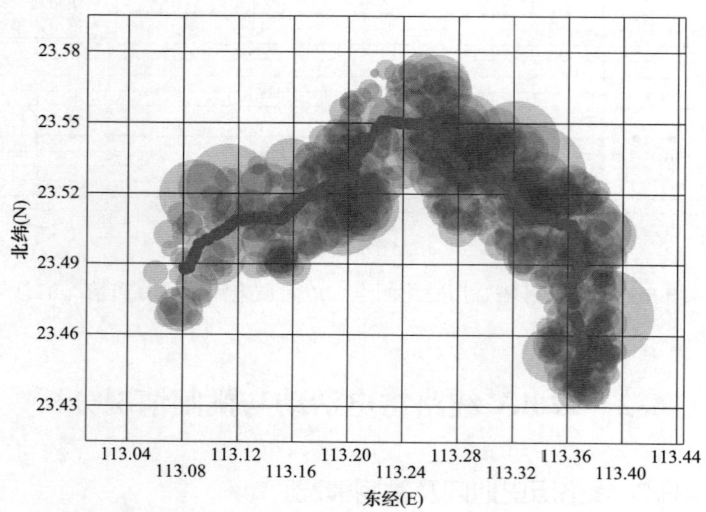

图 6-14　2018—2019 年 220kV HKY 线路走廊 2.5km 半径范围 30kV 以上危险雷电流空间分布图

220kV HKY 线路走廊 2.5km 半径范围地闪密度及最大正负极性雷电流统计如图 6-15 所示。

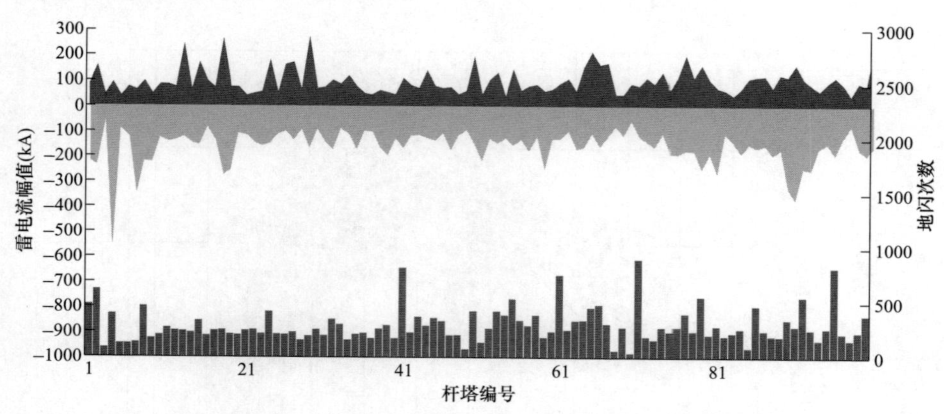

图 6-15　2.5km 线路走廊半径内雷电地闪次数历史统计

统计 2018 年全年 90kA 以上雷电流，50～65 号塔段 23 次，110～111 号塔段 8 次，18～21 号塔段 4 次。

从雷电地闪次数上看，排序前 10 位杆塔见表 6-8。

表 6-8　　　　　　　　　地闪次数前 10 位杆塔

排序	杆塔号	地闪次数
1	111	1094
2	71	899
3	96	821
4	41	818
5	61	755
6	104	685
7	2	618
8	112	568
9	79	552
10	92	551

6.2.1.2　线路历史跳闸统计

110kV HKY 线 2003 年—2019 年 8 月历史跳闸情况共计 6 次，全部由雷击引起，可查到的实际故障位置分别为 37 号塔 B 相、38 号塔 C 相、78 号塔 C 相、45 号塔 C 相、79 号塔 BC 相、36 号塔 C 相，如表 6-9 所示。

表 6-9　　　　110kV HKY 线 2003 年—2019 年 8 月历史跳闸情况

序号	跳闸时间	查线情况	重合闸	强送电	故障类别	故障相别/相位	故障点到变电站距离
1	2018 年 9 月 23 日 4 时 40 分 0 秒	220kV HKY 线＃37 塔 B 相玻璃绝缘子、导线表面有放电烧花痕迹，导线无断股，暂不影响线路运行，故障原因初步判定为雷击	成功	无	雷电	B	KG 站测距 26.208km
2	2016 年 7 月 1 日 15 时 48 分 0 秒	220kV HKY 线＃38 塔 C 相玻璃绝缘子、悬架有雷击痕迹，暂不影响线路运行，并于 7 月 2 日 13:21 报调度查线结果。HD 变电站反馈需对断路器进行相关检查以及更换刀闸气室，预计处理至 7 月 12 日。由于涉及 HD 变电站线路开关动作情况分析，本次故障原因有待进一步分析。第一次跳闸时变电保护测距定位＃33 塔，强送时保护测距定位站内	不成功	不成功	雷击	C	距离 220kV KG 站 23.4km
3	2015 年 7 月 17 日 8 时 12 分 0 秒	220kV HKY 线＃78 塔 C 相均压环、金具均有放电烧花痕迹，暂不影响线路运行	成功	无	雷击	C	距离 HD 站 27.2km
4	2014 年 6 月 3 日 5 时 46 分 31 秒	220kV HKY 线＃45 塔 C 相导线、绝缘子串、金具均有放电痕迹，暂不影响线路运行	成功	无	雷击	C	距离 HD 站 15.936km

续表

序号	跳闸时间	查线情况	重合闸	强送电	故障类别	故障相别/相位	故障点到变电站距离
5	2016年6月13日17时25分0秒	220kV HKY线＃79塔B相小号侧、C相小号侧绝缘子有放电痕迹，暂不影响运行。故障原因初步判断为雷击。保护测距定位＃78～＃79段，保护定位准确	不成功	无	雷击	BC	
6	2011年7月12日14时13分0秒	220kV HKY线＃36塔C相第1～3、6、12、13片玻璃绝缘子和金具因雷击烧花	成功	成功	雷击	C	

6.2.1.3　易击塔段统计

根据架空输电线路防雷技术导则（Q/CSG 1107002—2018），结合线路历史跳闸情况，统计出的易击塔段为36～38号塔段、78～79号塔段、45号塔，见图6-16。

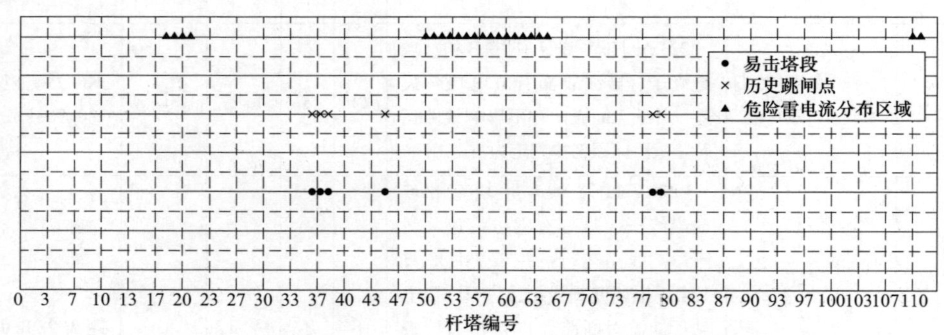

图6-16　易击杆塔、历史跳闸点、危险雷电流塔段分布情况汇总

综上，统计发现，2010—2019年220kV HKY线30kA以上危险雷电流为9299次。通过地闪分布和架空输电线路防雷技术导则得出，易击杆塔为36～38号塔段、78～79号塔段和45号塔。2003—2019年实际故障中，易击杆塔36、37号和38号等均发生一次故障。

6.2.2　BSY线路历史地闪及跳闸情况

6.2.2.1　线路历史雷电地闪统计

220kV BSY线路自2010年1月1日—2019年8月1日的线路走廊2.5km

半径范围，累计地闪次数 16 787 次，其中 10 566 次地闪集中于 25kA 以下，占比 62.9%，幅值在−10～−5kA 地闪 1638 次，占比 9.8%，见图 6-17。30kA 及以上危险雷电流分布如下图所示，共 4972 次，占比 29.6%。220kV BSY 线路走廊 2.5km 半径范围地闪密度及最大正负极性雷电流统计如图 6-18 所示。

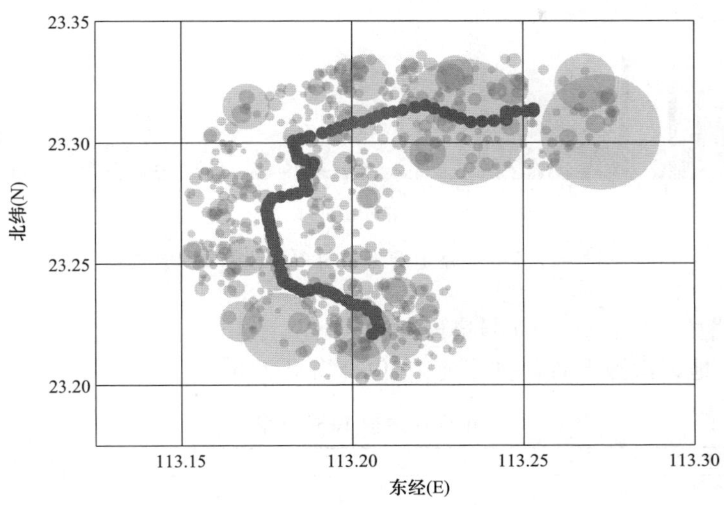

图 6-17　2018—2019 年 220kV BSY 线路走廊 2.5km 半径范围雷电地闪空间分布图

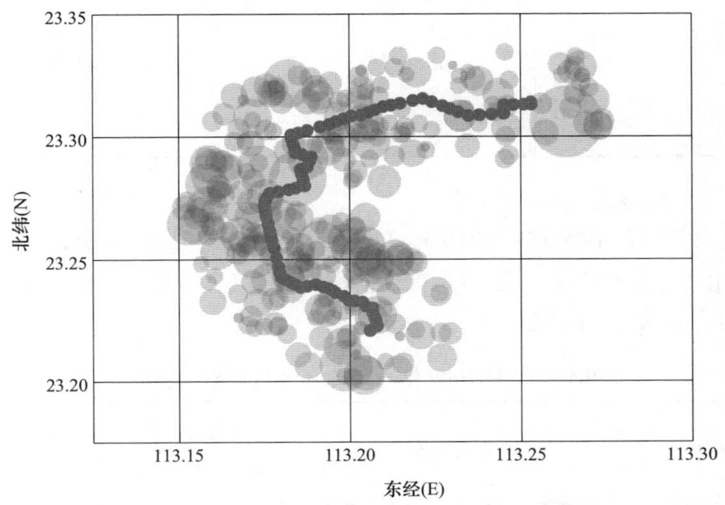

图 6-18　2018—2019 年 220kV BSY 线路走廊 2.5km 半径范围 30kV 以上危险雷电流空间分布图

统计 2018 年全年 60kA 以上雷电流，78～84 号塔段 13 次，8～13 号塔段 4

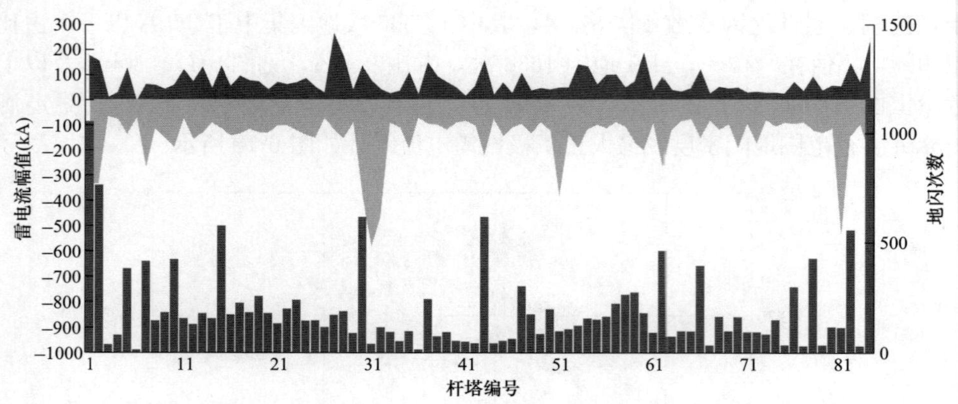

图 6-19　2.5km 线路走廊半径内雷电地闪次数历史统计

次，74 号塔段 3 次，60～64 号塔段 3 次。

从雷电地闪次数上看，排序前 10 位杆塔见表 6-10。

表 6-10　　地闪次数前 10 位杆塔

排序	杆塔号	地闪次数
1	84	1162
2	1	1054
3	2	761
4	30	615
5	43	615
6	15	575
7	82	556
8	62	461
9	78	426
10	10	422

6.2.2.2　线路历史跳闸统计

220kV BSY 线 2003 年—2019 年 8 月历史跳闸情况共计 6 次，主要由雷击引起。可查到的实际故障位置分别为 32 号塔 B 相、68 号塔 A 相、22 号塔 A 相、2 号塔 B 相，如表 6-11 所示。

表 6-11　　220kV BSY 线 2003 年—2019 年 8 月历史跳闸情况

序号	跳闸时间	查线情况	重合闸	强送电	故障类别	故障相别/相位	故障点到变电站距离
1	2018 年 8 月 4 日 19 时 47 分 59 秒	巡视发现 220kV BSY 线＃32 塔 B 相负荷侧双串玻璃绝缘子中，内串第一片绝缘子有放电闪络痕迹，跳线亦有烧花痕迹，暂不影响线路安全运行	成功	无	雷电	B	BJ 站侧保护测距 8km

续表

序号	跳闸时间	查线情况	重合闸	强送电	故障类别	故障相别/相位	故障点到变电站距离
2	2015年7月16日17时23分16秒	220kV BSY线#68塔A相电源侧第十四片玻璃绝缘子有放电烧花痕迹，暂不影响线路运行	成功	无	雷电	A	距离BJ站17.242km
3	2015年6月6日15时43分35秒	220kV BSY线#22塔A相负荷侧玻璃缘绝子串与跳线均有放电烧花痕迹，暂不影响线路运行	成功	无	雷电	A	#22塔距离BJ站6.034km
4	2011年7月31日16时54分0秒	220kV BSY线#02塔A相绝缘子遭雷击有烧花，爆了一片（剩余13片），B相跳线有烧花，无断股。OPGW光缆挂点有烧花，不影响线路运行	不成功	成功	雷电	B	距离500kV BJ站0.25km
5	2008年7月30日23时22分0秒	A相开关爆炸，23：13BJ站220kV6M母线由检修转运行，除BSY线、旁路2070开关、GBY线206B开关外，其余设备恢复正常运行方式	不成功	无	变电故障	A	距离500kV BJ站22.1km
6	2008年5月29日13时9分0秒	—	成功	无	不明原因	B	距离220kV BJ站侧14.69km

6.2.2.3 易击塔段统计

根据架空输电线路防雷技术导则（Q/CSG 1107002—2018），结合线路历史跳闸情况，统计出的塔段为32、68、22、2号塔，见图6-20。

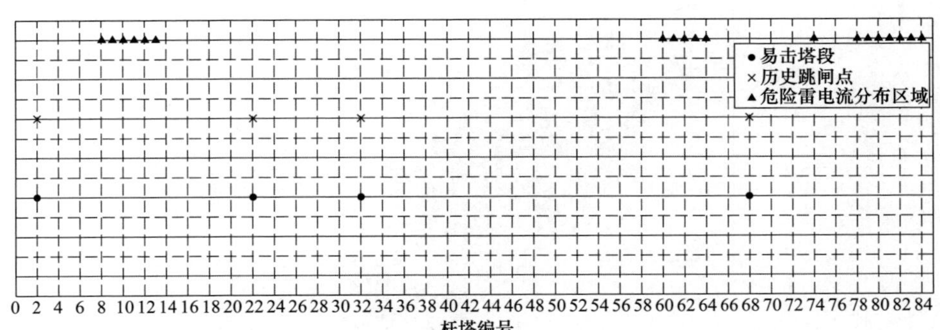

图6-20 易击杆塔、历史跳闸点、危险雷电流塔段分布情况汇总

统计发现，2010—2019年220kV BSY线30kA以上危险雷电流为4972次，占比29.6%。通过地闪分布和架空输电线路防雷技术导则得出，易击杆塔为36～38号塔段、78～79号塔段和45号塔。2003—2019年实际故障中，易击杆塔36、37号和38号等均发生一次故障。

6.2.3 HYJ 线路历史地闪及跳闸情况

6.2.3.1 线路历史雷电地闪统计

220kV HYJ 线路 2010 年 1 月 1 日—2019 年 8 月 1 日的线路走廊 2.5km 半径范围，累计地闪次数 15 722 次（见图 6-21），其中 8738 次地闪集中于 25kA 以下，占比 55.6%，幅值在－10～－5kA 地闪 1473 次，占比 9.4%。30kA 及以上危险雷电流分布如图 6-22 所示，共 5742 次，占比 36.5%。

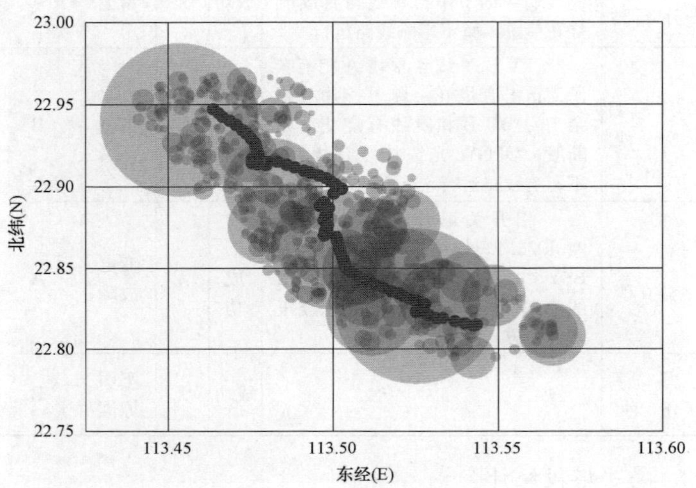

图 6-21　2018—2019 年 220kV HYJ 线路走廊 2.5km 半径范围雷电地闪空间分布图

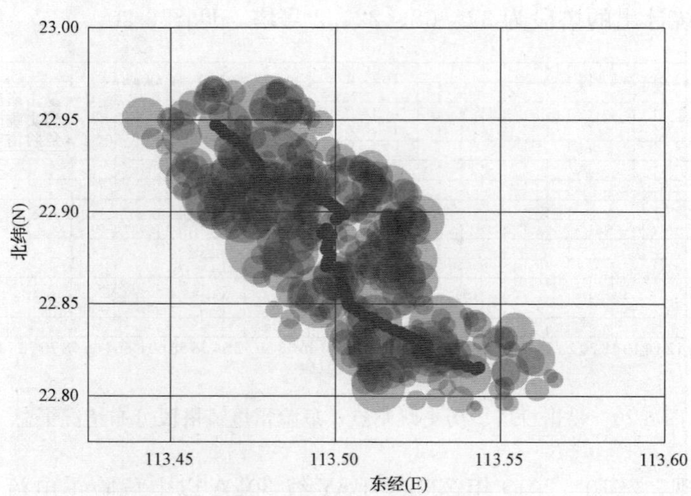

图 6-22　2018—2019 年 220kV HYJ 线路走廊 2.5km 半径范围
30kV 以上危险雷电流空间分布图

220kV HYJ 线路走廊 2.5km 半径范围地闪密度及最大正负极性雷电流统计如图 6-23 所示。统计 2018 年全年 60kA 以上雷电流，14～19 号塔段 24 次，64～70 号塔段 14 次，8～11 号塔段 14 次，1～5 号塔段 10 次。

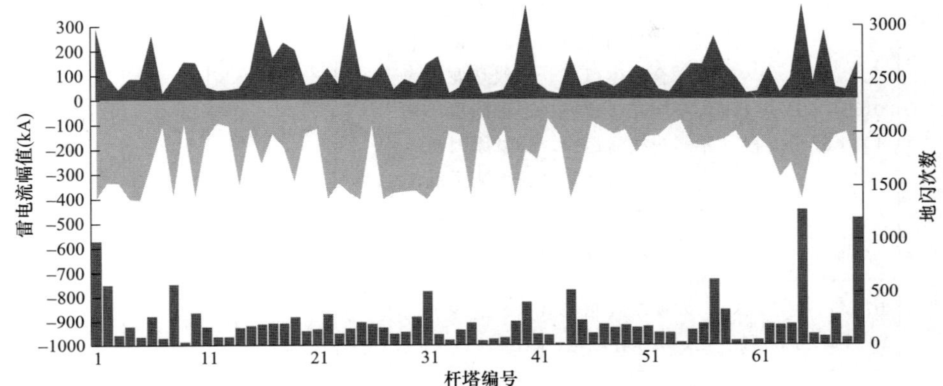

图 6-23　2.5km 线路走廊半径内雷电地闪次数历史统计

从雷电地闪次数上看，排序前 10 位杆塔见表 6-12。

表 6-12　　地闪次数前 10 位杆塔

排序	杆塔号	地闪次数
1	65	1274
2	70	1196
3	1	987
4	57	619
5	8	577
6	2	573
7	44	522
8	31	511
9	40	408
10	58	333

6.2.3.2　线路历史跳闸统计

220kV HYJ 线 2003 年—2019 年 8 月历史跳闸情况共计 4 次，主要由雷击引起。可查到的实际故障位置分别为 60 号塔 C 相、66 号塔 B 相、51 号塔 C 相、9 号塔 C 相，如表 6-13 所示。

表 6-13　　220kV HYJ 线 2003 年—2019 年 8 月历史跳闸情况

序号	跳闸时间	查线情况	重合闸	强送电	故障类别	故障相别/相位	故障点到变电站距离
1	2016 年 8 月 9 日 17 时 50 分 0 秒	10 日 15:37，输电所查线发现 HYJ 线#60 塔 C 相绝缘子有缺口，有雷击烧花痕迹，导线无断股，不影响线路运行	成功	无	雷击	C	距离 220kV YC 站 5.6km

续表

序号	跳闸时间	查线情况	重合闸	强送电	故障类别	故障相别/相位	故障点到变电站距离
2	2016 年 6 月 16 日 19 时 57 分 0 秒	经输电所班组特查发现：220kV HYJ 线＃66 塔 B 相（上相）合成绝缘子、导线烧花，均压环烧花、破损、未见断股，暂不影响线路运行。故障原因初步判断为雷击。变电保护测距定位＃66～＃67、＃69～＃70，保护定位准确	成功	无	雷击	B	距离 220kV YC 站 1.1km
3	2015 年 8 月 15 日 16 时 12 分 26 秒	发现＃51 塔 C 相合成绝缘子烧花，均压环烧花、破损	成功	无	雷击	C	距离 HQ 站 14.336km
4	2016 年 7 月 5 日 2 时 20 分 0 秒	16:40，输电所查线发现 HYJ 线＃9 塔 C 相合成绝缘子有放电痕迹，怀疑为飘挂物导致，暂不影响线路运行	成功	无	漂浮物	C	

6.2.3.3　易击塔段统计

根据架空输电线路防雷技术导则（Q/CSG 1107002—2018），结合线路历史跳闸情况，60～66、51、9 号塔，见图 6-24。

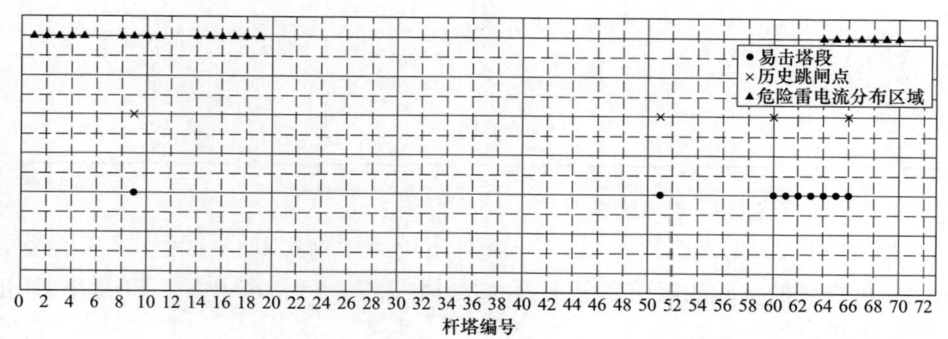

图 6-24　易击杆塔、历史跳闸点、危险雷电流塔段分布情况汇总

统计发现，2010—2019 年 220kV HYJ 线 30kA 以上危险雷电流为 5742 次，占比 36.5%。通过地闪分布和架空输电线路防雷技术导则得出，易击杆塔为 60～66 号、51 号塔和 9 号塔。2003—2019 年实际故障中，易击杆塔 9、51、60 号和 66 号均发生一次故障。

6.3 500kV 线路雷电活动与跳闸情况分析

6.3.1 线路历史雷电地闪统计

500kV XB 线路自 2010 年 1 月 1 日—2019 年 8 月 1 日的线路走廊 2.5km 半径范围，累计地闪次数 69 952 次，其中 47 029 次地闪集中于 25kA 以下，占比 66.8%，幅值在−10～−5kA 地闪 6457 次，占比 9.2%，见图 6-25。30kA 及以上危险雷电流分布如图 6-26 所示，共 18 087 次，占比 25.9%。500kV XB 线路走廊 2.5km 半径范围地闪密度及最大正负极性雷电流统计如图 6-27 所示。

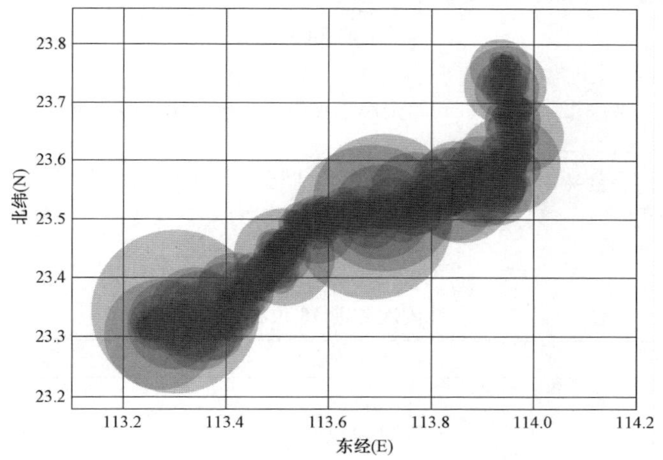

图 6-25 2018—2019 年 500kV XB 线路走廊 2.5km 半径范围雷电地闪空间分布图

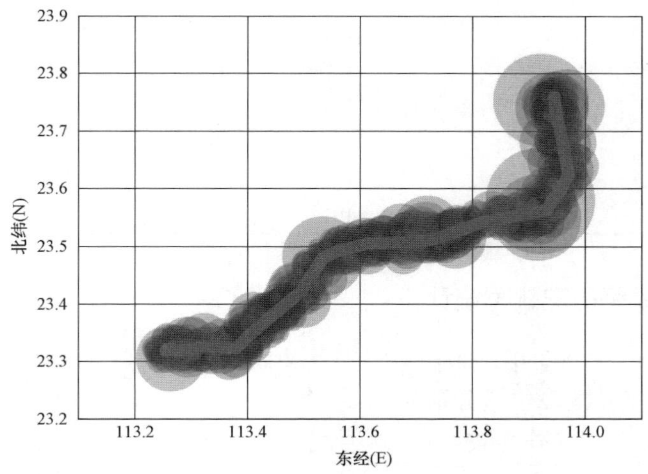

图 6-26 2018—2019 年 500kV XB 线路走廊 2.5km 半径范围 30kV 以上危险雷电流空间分布图

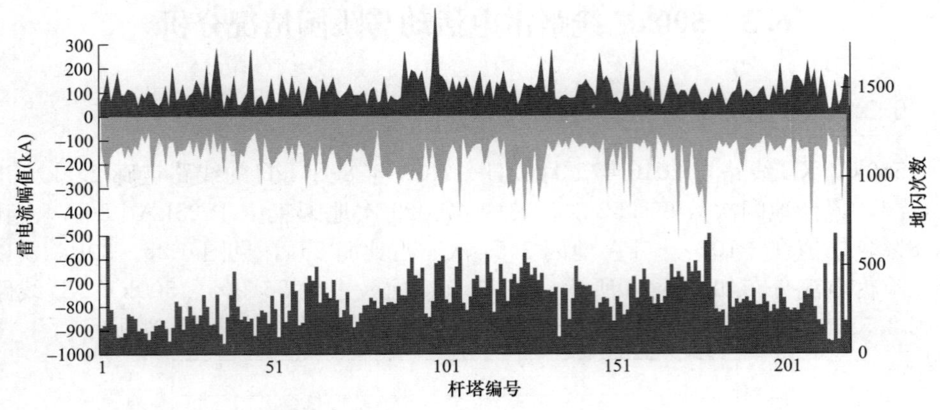

图 6-27　2.5km 线路走廊半径内雷电地闪次数历史统计

统计 2018 年全年 60kA 以上雷电流，168～183 号塔段 59 次，103～119 号塔段 27 次，185～196 号塔段 33 次。从雷电地闪次数上看，排序前 10 位杆塔见表 6-14。

表 6-14　　地闪次数前 10 位杆塔

排序	杆塔号	地闪次数
1	220	1394
2	179	678
3	216	676
4	3	672
5	178	636
6	106	602
7	218	571
8	125	570
9	114	562
10	101	555

6.3.2　线路历史跳闸统计

500kV XB 线 2003 年—2019 年 8 月历史跳闸情况共计 17 次，主要由雷击引起，可查到的实际故障位置分别为 98 号塔 B 相、127 号塔 B 相、69 号塔 C 相、178～179 号塔 A 相（外力破坏）、53 号塔 A 相、111 号塔 C 相、125 号塔 B 相、69 号塔 C 相和 70 号塔 C 相、129 号塔 C 相、55～56 号塔段 C 相，如表 6-15 所示。

表 6-15　　500kV XB 线 2003 年—2019 年 8 月历史跳闸情况

跳闸时间	查线情况	重合闸	强送电	故障类别	故障相别/相位	故障点到变电站距离
2017 年 7 月 20 日 17 时 58 分 20 秒		成功	无	雷击	C	距离 500kV BJ 站侧主一 54km
2015 年 10 月 04 日 5 时 33 分 52 秒		成功	成功	雷击	C	距离 500kV BJ 站 188km
2015 年 8 月 7 日 16 时 16 分 0 秒	全线查线未发现故障点	成功	无	不明原因	C	距离 500kV BJ 站 0.4km
2015 年 5 月 6 日 18 时 33 分 23 秒	500kV XB 线＃98 塔 B 相玻璃绝缘子串第 1、2、7、9、12、13 片各有放电痕迹，横担与下均压环遭雷击烧伤	成功	无	雷击	B	距离蓄能站 18.184km
2014 年 3 月 30 日 12 时 20 分 22 秒	“特查发现＃127 塔 B 相绝缘子均压环被击穿”	成功	无	雷击	B	距离蓄能站 55km
2013 年 5 月 15 日 13 时 55 分 0 秒	“500kV XB 线＃69 塔遭雷击，C 相玻璃绝缘子均压环有烧伤痕迹”	成功	无	雷击	C	距离 500kV BJ 站 28km
2013 年 5 月 7 日 19 时 46 分 0 秒	“500kV XB 线＃178～＃179 塔段线边吉祥工厂生产海绵垫过程中发生火灾，产生大量浓烟，引发线路跳闸”	成功	无	外力破坏	A	距离 500kV BJ 站 13.7km
2012 年 6 月 21 日 13 时 27 分 0 秒	＃53 塔（惠州）	成功	无	雷击	A	距离 500kV BJ 站 64.7km
2011 年 6 月 12 日 8 时 56 分 0 秒	500kV XB 线＃111 塔 C 相导线、玻璃绝缘子串有放电烧花痕迹	成功	成功	雷击	C	距离 500kV BJ 站 52km
2009 年 8 月 25 日 15 时 48 分 0 秒		成功	成功	雷击	C	距离 500kV BJ 站 27km
2007 年 9 月 22 日 15 时 26 分 0 秒		成功	无	不明原因	C	距离 500kV BJ 站 102km
2007 年 6 月 30 日 13 时 4 分 0 秒		成功	无	不明原因	A	距离 500kV BJ 站 95.1km
2007 年 6 月 9 日 0 时 0 分 0 秒	＃125 塔 B 相雷击	成功	无	雷击	B	距离 500kV BJ 站 42km
2016 年 3 月 19 日 14 时 15 分 0 秒	＃69 塔 C 相（双串）大号侧玻璃绝缘子有雷电闪络烧伤痕迹，＃70 塔 C 相（单串）玻璃绝缘子、导线、均压环有雷电闪络烧伤痕迹，暂不影响线路运行	成功	无	雷击	C	

续表

跳闸时间	查线情况	重合闸	强送电	故障类别	故障相别/相位	故障点到变电站距离
2011年7月17日 19时13分0秒	500kV XB线#129塔C相玻璃绝缘子有雷击痕迹、均压环击穿有微孔及轻微烧花痕迹。暂不影响线路运行	成功	成功	雷击	C	
2011年4月16日 12时50分0秒	经线路特查发现，500kV XB线#55～#56塔段C相导线有轻微烧花痕迹，导线没有断股，暂不影响线路运行。进一步检查发现，500kV XB线#55～#56塔间有山火烧山，且有灼烧痕迹，根据当时线路跳闸情况判断是该山火引起线路放电跳闸	不成功	无	雷击	C	
2006年6月9日 23时59分0秒	BJ站500kV XB线在10日送电时三次送电不成功，均是因为925A的过电压保护动作。事故后检查发现N600接地不良，对地电阻高达60Ω，导致相电压出现漂移，达到了过电压保护动作定值，经处理后对地电阻降为3Ω	不成功	无	变电故障	B	

6.3.3 易击塔段统计

根据架空输电线路防雷技术导则（Q/CSG 1107002—2018），结合线路历史跳闸情况，统计出的塔段为125～129号塔段、12～17号塔段、69～70号塔段、53～56号塔段、98号塔、111号塔，见图6-28。

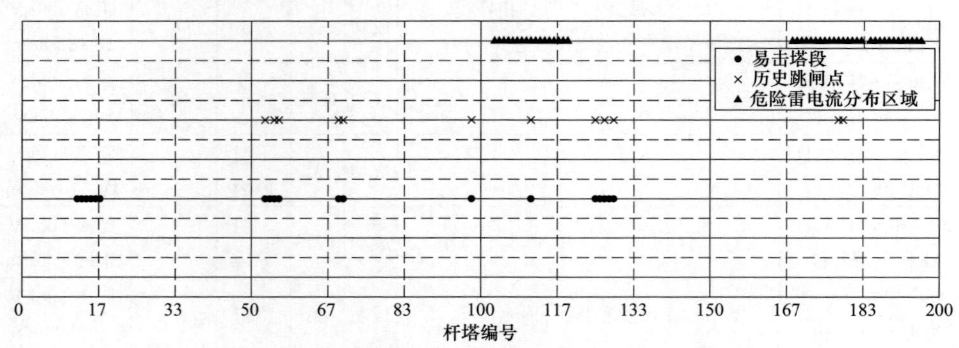

图6-28 易击杆塔、历史跳闸点、危险雷电流塔段分布情况汇总

综上，统计发现，2010—2019年500kV XB线30kA以上危险雷电流为18 087次，占比25.9%。通过地闪分布和架空输电线路防雷技术导则得出，易

击杆塔为 125～129、12～17、69～70、53～56 号塔段、98 号塔和 111 号塔。2003—2019 年实际故障中，易击杆塔 69 号杆塔发生 2 次故障。

针对 3 条 110kV 输电线路、3 条 220kV 输电线路和 1 条 500kV 输电线路，分析其进行地闪频次、地闪空间分布、最大正负雷电流、危险电流频次及其占比，可得出广州地区输电线路地闪分布和强度。结合历史跳闸统计，根据架空输电线路防雷技术导则，总结得出输电线路的易击塔段，有利于该地区输电线路防雷研究。

参 考 文 献

[1] Byers, H. R. A. B. The thunderstorms, U. S. Govt. Printing Office, Washington D. C., USA, 287, 1949.

[2] Kingsmill, D. E. , Wakimoto, R. M. Kinematic, Dynamic, and Thermodynamic Analysis of a Weakly Sheared Severe Thunderstorm over Northern Alabama. Mon. Weather Rev. 119, 262-297, 1991.

[3] Rakov V A, U. M. A. Lightning: physics and effects. Cambridge University Press, 2003.

[4] Aufdermauer A N, J. D. A. Charge separation due to riming in an electric field. Q J R Met Soc. 98, 369-389, 1972.

[5] T, T. Riming electrification as a charge generation mechanism in thunderstorms [J]. Journal of the Atmospheric Sciences. J. Atmos. Sci. 35, 1536-1548, 1978.

[6] Jayaratne E R, S. C. P. R. Laboratory studies of the charging of soft - hail during ice crystal interactions. Q. J. Roy. Meteor. Soc. 109, 609-630, 1983.

[7] Carey L D, R. S. A. Electrical and multiparameter radar observations of a severe hailstorm. (Journal of Geophysical Research: Atmospheres.) 103, 13979-14000, 1998.

[8] Avila E, V. G. A. C. Temperature dependence of static charging in ice growing by riming. (J. Atmos. Sci.) 52, 4515-4522, 1995.

[9] R. , S. C. P. A review of thunderstorm electrification processes. (Journal of Applied Meteorology.) 32, 642-655, 1993.

[10] Marshall T C, R. W. D. Electric field soundings through thunderstorms. (Journal of Geophysical Research: Atmospheres.) 96, 22297-22306, 1996.

[11] Williams E R, W. M. E. & E. , O. R. The relationship between lightning type and convective state of thunderclouds. , 1987.

[12] Vonnegut B. Some Facts and Speculations Concerning the Origin and Role of Thunderstorm Electricity. (Severe Local Storms.) Boston, MA: American Meteorological Society. 224-241, 1963.

[13] Stolzenburg M, R. W. D. M. Electrical structure in thunderstorm convective regions: 2. Isolated storms. (Journal of Geophysical Research: Atmospheres.) 103, 14079-14096, 1998.

[14] 唐顺仙，吕达仁，何建新，李睿，王皓．天气雷达技术研究进展及其在我国天气探测中的应用．遥感技术与应用，32，1-13，2017.

[15] 刘强，苗雷．X 波段全固态双线偏振一体化天气雷达．气象科技进展，8，82，2018.

[16] Marshall T C, M. M. P. R. Electric field magnitudes and lightning initiation in thunderstorms. Journal of Geophysical Research: Atmospheres. 100, 7097-7103, 1995.

[17] Uman M A, K. E. P. A review of natural lightning: Experimental data and modeling [J]. IEEE Transactions on electromagnetic compatibility, 79-112, 1982.

[18] Liu, D., Qie, X., Pan, L., Peng, L. Some characteristics of lightning activity and radiation source distribution in a squall line over north China. Atmos. Res. 132-133, 423-433, 2013.

[19] 郄秀书，等．青藏高原东北部地区夏季雷电特征的观测研究．高原气象，209-216，2003.

[20] Warwick, J. W., Hayenga, C. O., Brosnahan, J. W. Interferometric directions of lightning sources at 34 MHz. Journal of Geophysical Research. 84, 2457-2468, 1979.

[21] Hayenga, C. O., Warwick, J. W. Two-dimensional interferometric positions of VHF lightning sources. Journal of Geophysical Research: Oceans. 86, 7451-7462, 1981.

[22] Shao, X. M., Krehbiel, P. R. The spatial and temporal development of intracloud lightning. Journal of Geophysical Research: Atmospheres. 101, 26641-26668, 1996.

[23] Proctor, D. E. A hyperbolic system for obtaining VHF radio pictures of lightning. Journal of Geophysical Research (1896-1977). 76, 1478-1489, 1971.

[24] Orville, R. E. The Electrical Nature of Storms. Eos, Transactions American Geophysical Union. 79, 560, 1998.

[25] Qing, M., et al. Research on Lightning Warning with SAFIR Lightning Observation and Meteorological detection Data in Beijing-Hebei Areas., 2005.

[26] Lojou, J., Honma, N., Cummins, K., Said, R., Hembury, N. Latest developments in global and total lightning detection. 2011 7th Asia-Pacific International Conference on Lightning, APL2011, 2011.

[27] Rakov, V. A. Electromagnetic Methods of Lightning Detection. Surv. Geophys. 34, 731-753, 2013.

[28] 刘维成，陶健红，邵爱梅，郑新．雷电监测预警预报技术简述．干旱气象．32，446-453，2014.

[29] 靳小兵，李一丁，卜俊伟．两个雷电预警系统的应用和对比．气象科技．41，923-928，2013.

[30] 卢炳源．大气电场数据在雷电预警中的应用研究．电子科技大学，2012.

[31] 吴健，陈毅芬，曾智聪．利用地面电场仪与闪电定位资料进行短时雷电预警的方法．气象与环境科学．32，47-50，2009.

[32] 柴瑞，等．大气电场资料在雷电预警中应用．气象科技．2009，37，724-728.

[33] 常越，陈德生，郭在华．多普勒天气雷达与雷电预警关系研究．气象与环境科学．33，36-39，2010.

[34] 宋豫晓．基于大气电场与闪电定位技术的雷电预警方法在民用航空中的应用．现代电子技术．36，152-154，2013.

[35] 罗林艳，祝燕德，王智刚，郭在华，罗宇．基于大气电场与闪电资料的雷电临近预警方法．成都信息工程学院学报．25，524-530，2010.

[36] 刘宇，田妍，熊俊，周自强，陈玥．广州电网雷电预警方法研究．陕西电力．43，88-91，2015.

[37] 罗福山．肯尼迪航天中心的雷电防护系统．世界导弹与航天．45-48，1991.

[38] 曾庆锋，张其林，赖鑫，徐栋璞，王皓．深圳市闪电定位资料误差分析及其优化．气象科技．43，530-536，2015.

[39] 赖悦，张其林，陈洪滨，李兆明，漆加荣．深圳一次强飑线过程的闪电频数与天气雷达回波关系分析．热带气象学报．31，549-558，2015.

[40] 赖悦．深圳地区雷电的定位误差订正及活动特征分析．南京信息工程大学，2015.